機械系 教科書シリーズ 2

機械系の電気工学

博士(工学) 深野 あづさ 著

コロナ社

機械系　教科書シリーズ編集委員会	
編集委員長　木本　恭司（元大阪府立工業高等専門学校・工学博士）	
幹　　　事　平井　三友（大阪府立工業高等専門学校・博士(工学)）	
編集委員　　青木　　繁（東京都立産業技術高等専門学校・工学博士）	
（五十音順）　阪部　俊也（奈良工業高等専門学校・工学博士）	
丸茂　榮佑（明石工業高等専門学校・工学博士）	

(2007年3月現在)

刊行のことば

　大学・高専の機械系のカリキュラムは，時代の変化に伴い以前とはずいぶん変わってきました。
　一番大きな理由は，機械工学がその裾野を他分野に広げていく中で境界領域に属する学問分野が急速に進展してきたという事情にあります。例えば，電子技術，情報技術，各種センサ類を組み込んだ自動工作機械，ロボットなど，この間のめざましい発展が現在の機械工学の基盤の一つになっています。また，エネルギー・資源の開発とともに，省エネルギーの徹底化が緊急の課題となっています。最近では新たに地球環境保全の問題が大きくクローズアップされ，機械工学もこれを従来にも増して精神的支柱にしなければならない時代になってきました。
　このように学ぶべき内容が増えているにもかかわらず，他方では「ゆとりある教育」が叫ばれ，高専のみならず大学においても卒業までに修得すべき単位数が減ってきているのが現状です。
　私は1968年に高専に赴任し，現在まで三十数年間教育現場に携わってまいりました。当初に比べて最近では機械工学を専攻しようとする学生の目的意識と力がじつにさまざまであることを痛感しております。こうした事情は，大学をはじめとする高等教育機関においても共通するのではないかと思います。
　修得すべき内容が増える一方で単位数の削減と多様化する学生に対応できるように，「機械系教科書シリーズ」を以下の編集方針のもとで発刊することに致しました。
　1．機械工学の現分野を広く網羅し，シリーズの書目を現行のカリキュラムに則った構成にする。
　2．各書目においては基礎的な事項を精選し，図・表などを多用し，わかり

やすい教科書作りを心がける。
3. 執筆者は現場の先生方を中心とし，演習問題には詳しい解答を付け自習も可能なように配慮する。

　現場の先生方を中心とした手作りの教科書として，本シリーズを高専はもとより，大学，短大，専門学校などで機械工学を志す方々に広くご活用いただけることを願っています。

　最後になりましたが，本シリーズの企画段階からご協力いただいた，平井三友 幹事，阪部俊也，丸茂榮佑，青木繁の各委員および執筆を快く引き受けていただいた各執筆者の方々に心から感謝の意を表します。

2000年1月

編集委員長　木本　恭司

まえがき

　現代の科学技術の進歩にともない，電気工学は電気の専門分野のみならず，幅広い工学分野において欠くことのできないものとなっている。したがって，さまざまな工学技術を学ぶ上で，電気工学の基礎はぜひ理解しておく必要がある。

　本書は，はじめて電気工学を学ぶ機械系学科の学生のテキストとして執筆したものである。

　電気が苦手な学生は，比較的低学年での電気工学の基礎を学び始めた段階において理解が不十分なため，のちのちまで電気嫌いになってしまうという傾向があるように思われる。そこで，はじめて学ぶ学生でも理解しやすいように，式だけでなく，電気・磁気現象が起こる仕組みを物理的に解説しながら，基礎的かつ重要な項目をまとめ，なるべくわかりやすいように電気工学の基礎理論を解説した。

　このように，機械系の学生のみならず，電気の基礎を学ぼうとする学生の入門書となるように配慮した。

　本書の執筆にあたり，以下の点に留意した。

（1）　なるべく複雑な数学の使用を避け，図を用いて電気・磁気現象を理解しやすいように工夫した。

（2）　電気・磁気現象を，式だけではなく，その現象が起きる物理的メカニズムを示すことにより解説した。

（3）　例題を豊富にもりこみ，式の実際の計算の仕方がわかるように工夫した。また，学んだ内容の理解度をチェックするために随所に問を設け，さらに理解を深めるために各章末に演習問題を付けた。

（4）　電気・磁気現象を表す式のより進んだ表現方法を学びたいと思う学生

のために，注釈でベクトル表示の式などを示した。また，より進んだ数学的手法を用いた式の導出も注釈に示した。

（5） 学生の自習や自学者のために，巻末に問および演習問題に対する詳細な解答を付けた。

なお，本書では国際単位（SI単位）系を用いた。

2000年1月

著　者

目　　次

1.　　直　流　回　路

1.1　　電　流　と　電　圧 ……………………………………………………… *1*
　1.1.1　電　子　と　電　流 …………………………………………………… *1*
　1.1.2　電圧と起電力 ……………………………………………………… *4*
　1.1.3　オームの法則 ……………………………………………………… *6*
1.2　　直流回路の計算 ……………………………………………………… *8*
　1.2.1　抵　抗　の　接　続 …………………………………………………… *8*
　1.2.2　直流回路の基本 …………………………………………………… *12*
　1.2.3　キルヒホッフの法則 ……………………………………………… *14*
1.3　　熱エネルギーと電力 ………………………………………………… *20*
　1.3.1　ジュールの法則 …………………………………………………… *20*
　1.3.2　電力と電力量 ……………………………………………………… *21*
　1.3.3　熱　電　現　象 …………………………………………………… *23*
1.4　　電　気　抵　抗 ……………………………………………………… *26*
　1.4.1　抵抗率と導電率 …………………………………………………… *26*
　1.4.2　抵抗の温度係数 …………………………………………………… *28*
演　習　問　題 ………………………………………………………………… *31*

2.　　電　流　と　磁　気

2.1　　電　流　と　磁　界 ………………………………………………… *34*
　2.1.1　磁界と磁界の大きさ ……………………………………………… *34*
　2.1.2　磁束と磁束密度 …………………………………………………… *38*
　2.1.3　電流が作る磁界 …………………………………………………… *41*
2.2　　磁界中の電流に働く力 ……………………………………………… *50*

- 2.2.1 磁界中の電流に働く力の強さ ……………………… 50
- 2.2.2 電流相互間に働く力 ……………………………… 52
- 2.2.3 直流電動機の原理 ………………………………… 54
- 2.3 磁 気 回 路 ……………………………………………… 57
  - 2.3.1 磁 気 回 路 ………………………………………… 57
  - 2.3.2 磁 化 曲 線 ………………………………………… 61
  - 2.3.3 磁気ヒステリシス ………………………………… 62
- 2.4 電 磁 誘 導 ……………………………………………… 64
  - 2.4.1 電磁誘導現象 ……………………………………… 64
  - 2.4.2 誘導起電力の大きさと方向 ……………………… 65
  - 2.4.3 インダクタンス …………………………………… 70
  - 2.4.4 変圧器の原理 ……………………………………… 79
- 演 習 問 題 ………………………………………………………… 81

3. 静 電 気

- 3.1 静 電 現 象 ……………………………………………… 83
  - 3.1.1 静 電 気 …………………………………………… 83
  - 3.1.2 静 電 力 …………………………………………… 84
  - 3.1.3 静 電 誘 導 ………………………………………… 86
- 3.2 静電力と電界 …………………………………………… 88
  - 3.2.1 電界と電位 ………………………………………… 88
  - 3.2.2 電束と電束密度 …………………………………… 93
- 3.3 コ ン デ ン サ …………………………………………… 95
  - 3.3.1 コンデンサと静電容量 …………………………… 95
  - 3.3.2 コンデンサの接続 ………………………………… 99
  - 3.3.3 コンデンサに蓄えられるエネルギー …………… 102
- 演 習 問 題 ………………………………………………………… 104

4. 交 流 回 路

- 4.1 交流の基礎 ……………………………………………… 106
  - 4.1.1 直流と交流 ………………………………………… 106
  - 4.1.2 正弦波交流 ………………………………………… 107

4.1.3　周期と周波数 …………………………………… 110
　　　4.1.4　瞬時値と最大値 …………………………………… 111
　　　4.1.5　位相と位相差 ……………………………………… 112
　　　4.1.6　平均値と実効値 …………………………………… 114
　　　4.1.7　正弦波交流の合成 ………………………………… 116
　4.2　交流波のベクトル表示 …………………………………… 118
　　　4.2.1　ベクトルの極座標表示 …………………………… 118
　　　4.2.2　交流波のベクトル表示 …………………………… 121
　4.3　交流の基本回路 …………………………………………… 123
　　　4.3.1　抵抗 R のみの回路 ……………………………… 123
　　　4.3.2　インダクタンス L のみの回路 ………………… 124
　　　4.3.3　静電容量 C のみの回路 ………………………… 127
　4.4　いろいろな交流回路 ……………………………………… 130
　　　4.4.1　R-L 直列回路 …………………………………… 130
　　　4.4.2　R-C 直列回路 …………………………………… 132
　　　4.4.3　R-L-C 直列回路 ……………………………… 134
　　　4.4.4　R-L 並列回路 …………………………………… 138
　　　4.4.5　R-C 並列回路 …………………………………… 140
　　　4.4.6　R-L-C 並列回路 ……………………………… 142
　4.5　共振回路 …………………………………………………… 145
　　　4.5.1　直列共振 …………………………………………… 145
　　　4.5.2　並列共振 …………………………………………… 146
　4.6　交流の電力 ………………………………………………… 147
　　　4.6.1　交流回路の電力 …………………………………… 147
　　　4.6.2　力率と皮相電力 …………………………………… 149
　　　4.6.3　有効電力と無効電力 ……………………………… 150
　演習問題 ………………………………………………………… 151

参考文献 …………………………………………………………… 153

問および演習問題の解答 ………………………………………… 154

索引 ………………………………………………………………… 174

1

直 流 回 路

 電気は,身近な電気製品から工業機器にいたるまで,さまざまな分野で利用されており,現代社会においてなくてはならないものである。そこで,電気とはいったい何なのか,電気はどのような性質をもっていて,それによりどのような現象が起きるのかを理解することは,とても大事なことである。

 この章では,電気回路の基礎である直流回路における電流・電圧の関係,回路の計算,および電流の発熱・吸熱作用などの熱電現象,抵抗の性質などについて学ぶ。

1.1 電 流 と 電 圧

1.1.1 電 子 と 電 流

 自然界に存在する物質は,**原子**(atom)により構成されており,原子は正の電荷をもつ**原子核**(atomic nucleus)と,そのまわりを回っている負の電荷をもつ**電子**(electron)とからなっている。さらに,原子核は正の電荷をもつ**陽子**(proton)と,電荷をもたない**中性子**(neutron)とからなっている。

 ここで,電荷とは粒子や物質がもつ電気量のことで,単位に**クーロン**(coulomb,単位記号 C)を用いる。陽子1個がもつ電荷を e と表すと,電子1個がもつ電荷は,大きさが等しく符号が逆の $-e$ で表される。ここで,電荷 $e=1.602\times10^{-19}$ C は電気量の最小単位で,**電気素量**と呼ばれる。一般に,原子を構成する陽子の数と電子の数は等しく,原子は全体として中性の状態にある。

 電子の質量は陽子に比べて非常に軽く,電子1個の質量は約 9.109×10^{-31} kg,陽子1個の質量は約 1.673×10^{-27} kg で,中性子は陽子とほぼ同じ質量を

1. 直流回路

もっている。

図1.1に原子の例を示す。水素原子は，陽子1個と電子1個からなる最も簡単な原子である。電子は原子核の引力により束縛され，図のように原子核のまわりを一定の軌道で回っているが，金属では，**図1.2**のように一部の電子が原子を離れ，規則正しく並んだ原子の間を自由に動き回ることができる。このような電子を**自由電子**（free electron）と呼ぶ。

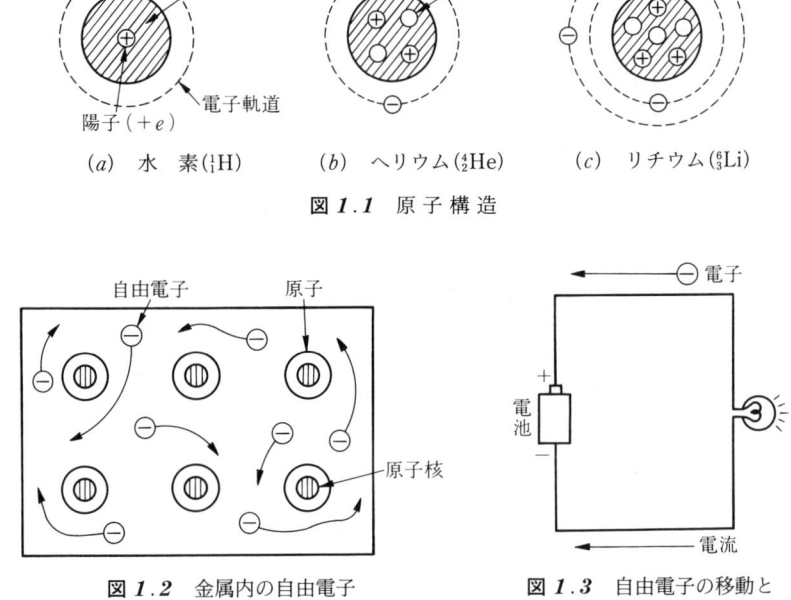

(a) 水素($^1_1$H)　　(b) ヘリウム($^4_2$He)　　(c) リチウム($^6_3$Li)

図1.1 原子構造

図1.2 金属内の自由電子　　**図1.3** 自由電子の移動と電流の向き

いま，**図1.3**のように導線に電池を接続すると，導線内の負の電荷をもつ自由電子は，電池の正極に向かって移動する。この自由電子の流れを**電流**（current）といい，電流の向きは電子が移動する向きと逆方向と決められている。

電流の大きさは，物質のある断面を1秒間に通過する電荷量で表され，単位に**アンペア**（ampere，単位記号A）を用いる。いま，**図1.4**のように，物質

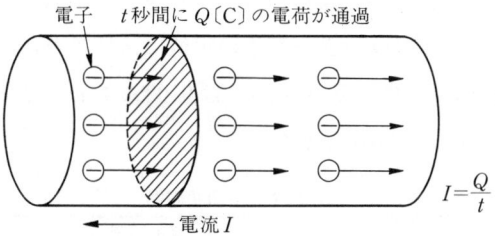

図 1.4 電荷の移動と電流の大きさ

の断面を t [s] の間に Q [C] の電荷が通過したとすると，物質に流れる電流 I [A] は，次式で表される。

$$I = \frac{Q}{t} \text{ [A]} \tag{1.1}$$

導線を流れる電流は，パイプの中の水の流れに似ている。パイプ内を1秒間に流れる水の量は，パイプ内のどの断面についても同じである。これと同様に，図 1.5 のように，1本の導線を流れる電流は，どの導線断面についても等しい。これを**電流の連続性**という。

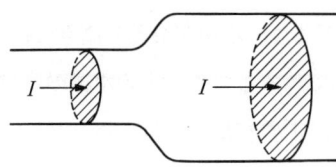

図 1.5 電流の連続性

例題 1.1 ある導線中を 0.5 s の間に 0.04 C の電荷が移動したとき，流れる電流はいくらか。

【解答】 導線に流れる電流 I は，1秒間に移動する電荷量に等しいので

$$I = \frac{Q}{t} = \frac{0.04}{0.5} = 0.08 \text{ [A]} \qquad \diamondsuit$$

問 1.1 導線に 1 A の電流が流れているとき，導線の断面を通って1秒間に何個の電子が通過するか。

4　*1. 直流回路*

電気工学では，非常に小さな量から大きな量まで幅広い量を扱う。このため，10 の整数乗倍を表す接頭語を基本の単位に付けて表した方がわかりやすい。表 *1.1* に接頭語の例を示す。例えば 0.02 A を mA で表すと，0.02 A＝$2×10^{-2}$ A＝$20×10^{-3}$ A＝20 mA となる。

表 *1.1*　接頭語の例

記号	名　称	基本の単位に付く倍数
T	テラ　(tera)	10^{12}
G	ギガ　(giga)	10^{9}
M	メガ　(mega)	10^{6}
k	キロ　(kilo)	10^{3}
m	ミリ　(milli)	10^{-3}
μ	マイクロ(micro)	10^{-6}
n	ナノ　(nano)	10^{-9}
p	ピコ　(pico)	10^{-12}

1.1.2　電圧と起電力

電流が水の流れに似ていることはさきに述べた。一方，電気には水位や水位差に相当する量がある。

いま図 *1.6* のように，水の入った二つの水槽が異なる高さに置かれており，両方の水槽の間はパイプでつながれているとする。上の水槽の水は，パイプを通って下の水槽へ流れ落ちる。一方，下の水槽の水は，ポンプによって上の水槽へくみ上げられる。ここで，水の高さを水位といい，水はその水位の差により，水位の高い方から低い方へ流れる。

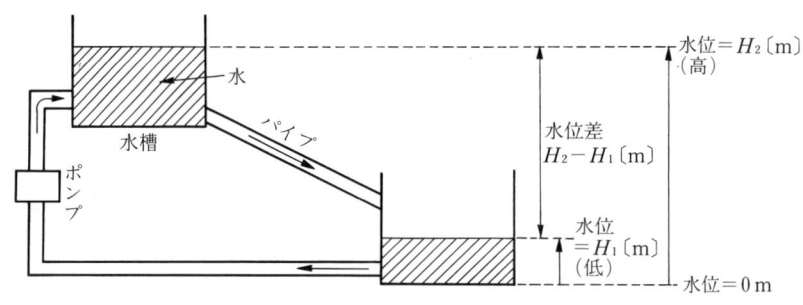

図 *1.6*　水位と水位差

電気現象の場合には，図 *1.7* における**電位**（electric potential）を水位に対応させることができる．電池の正極と負極の間には電位の差があり，これを**電位差**（potential difference）または**電圧**（voltage）という．スイッチを入れると豆電球がつくのは，電池に電流を流そうとする働きがあるからで，この力を**起電力**（electromotive force）という．これら，電位，電位差，電圧，起電力の単位には，すべて**ボルト**（volt，単位記号 V）を用いる．

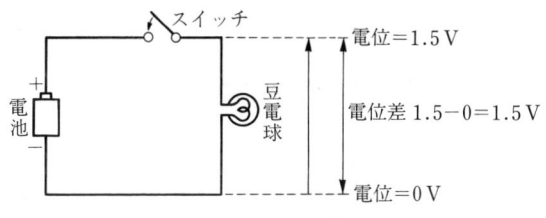

図 *1.7* 電位と電位差

一般に，電気機器，計測器などでは，その一部を導線で大地につないで，大地と同電位にする．これを**接地**または**アース**（earth）という．**図 *1.8*** に接地の図記号を示す．

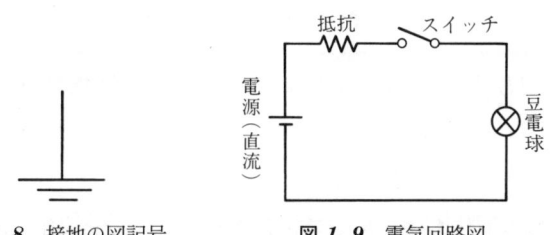

図 *1.8* 接地の図記号　　　図 *1.9* 電気回路図

電池のように起電力をもち，電流を流すもとになるものを，**電源**（power source）といい，豆電球のように，電源から電気の供給を受けるものを**負荷**（load）という．また，電流が流れる通路を，**電気回路**（electric circuit）または単に**回路**（circuit）という．電気回路を図示するには，一般に図 *1.9* に示すような図記号を用いる．このような図記号を用いることにより，回路の構成がわかりやすくなる．

1.1.3 オームの法則

図 **1.10** (a) に示すように，導線に電圧を加えると電流が流れる。ドイツの物理学者オーム (Georg Simon Ohm, 1787～1854) は，抵抗に加わる電圧と，抵抗を流れる電流との間の関係を調べ，同図 (b) のように電流が電圧に比例することを確かめた。これを，電圧を V，電流を I，比例定数を $1/R$ として式で表すと，次のようになる。

$$I = \frac{V}{R} \quad (1.2)$$

この関係を**オームの法則**（Ohm's law）という。

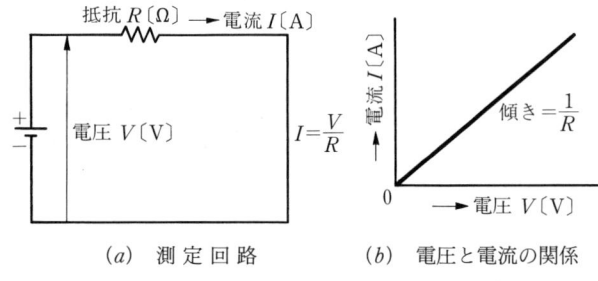

(a) 測定回路　　(b) 電圧と電流の関係

図 **1.10** オームの法則

ここで，定数 R は電流の流れにくさを表し，**電気抵抗**（electric resistance）または単に**抵抗**（resistance）という。抵抗の単位には，**オーム**（ohm，単位記号 Ω）を用いる。

また，抵抗の逆数 $G = 1/R$ を**コンダクタンス**（conductance）といい，単位には，**ジーメンス**（siemens，単位記号 S）を用いる。コンダクタンスは，電流の流れやすさを表し，これを用いてオームの法則を表すと，次のようになる。

$$I = GV \quad (1.3)$$

例題 1.2　2 Ω の抵抗に 100 V の電圧を加えると，何 A の電流が流れるか。

【**解答**】　抵抗に流れる電流 I は

$$I = \frac{V}{R} = \frac{100}{2} = 50 \text{ (A)}$$

問 1.2 5Ωの抵抗に100Vの電圧を加えると，何Aの電流が流れるか．

問 1.3 20Ωの抵抗にある電圧を加えたら，10Aの電流が流れた．電圧の大きさは何Vか．

問 1.4 ある抵抗に100Vの電圧を加えたら25mAの電流が流れた．この抵抗は何kΩか．

問 1.5 豆電球に20Vの電圧を加えたら，2Aの電流が流れた．この抵抗は何Ωか．また，抵抗のコンダクタンスは何Sか．

問 1.6 ある抵抗に100Vの電圧を加えたら，20Aの電流が流れた．この抵抗に80Vの電圧を加えたら，何Aの電流が流れるか．

コーヒーブレイク

単位に名を残した人物　オーム（Georg Simon Ohm，1787～1854）

ドイツの物理学者．1787年3月16日バイエルンで優秀な錠前師の子として生まれた．幼いころより父親から数学を学び，科学に興味をもつようになった．1817年にケルンのイエズス会学校の教師となり数学と物理を教え，ここで電気回路に関する研究を始めた．

オームは，"回路に流れる電流は電圧を回路の全抵抗で割ったものに等しい"というオームの法則を実験により証明した．さらに，導体に流れる電流を，熱の理論と結びつけて考えた．熱が導体の温度差と熱伝導率に依存して流れるのと同様に，電流が導体の電位差と抵抗値に依存して流れると考え，導体を流れる電流の数学的記述を示した．

当時のドイツでは彼の研究はなかなか認められなかったが，ロンドン王立協会に認められたのをきっかけに，しだいに評価が高まり，1849年にミュンヘン大学の教授に就任した．

電気抵抗の単位オーム（Ω）は，彼の名前によるものである．

1.2 直流回路の計算

1.2.1 抵抗の接続

電気回路に二つ以上の抵抗を接続する場合,その方法として,**直列接続** (series connection) と**並列接続** (parallel connection) とがある。図 *1.11* に示すように,直列接続とは,抵抗と抵抗を1列につなぐ方法で,並列接続とは,抵抗の両端をつなぐ方法である。

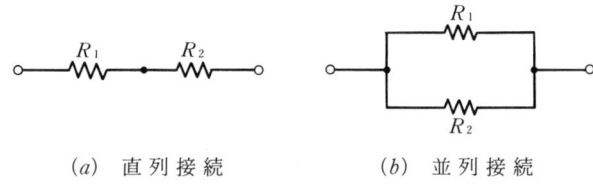

(*a*) 直 列 接 続   (*b*) 並 列 接 続

図 *1.11* 抵抗の接続

〔*1*〕 **直 列 接 続** 図 *1.12* (*a*) のように,抵抗 R_1, R_2, R_3〔Ω〕が直列に接続された回路を考える。このような回路を**直列回路** (series circuit) という。この回路に電圧 V〔V〕を加えたとき,電流 I〔A〕が流れたとする。このとき,抵抗 R_1, R_2, R_3〔Ω〕の端子間の電圧 V_1, V_2, V_3〔V〕は,オームの法則より次のようになる。

$$V_1 = R_1 I \text{〔V〕}, \quad V_2 = R_2 I \text{〔V〕}, \quad V_3 = R_3 I \text{〔V〕} \tag{1.4}$$

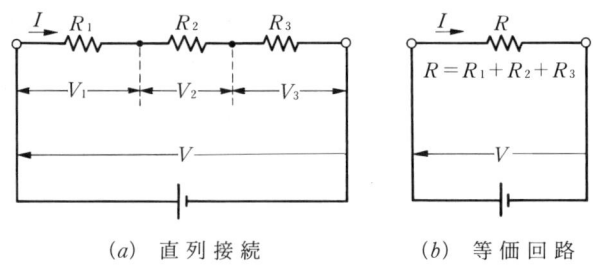

(*a*) 直 列 接 続   (*b*) 等 価 回 路

図 *1.12* 抵抗の直列接続と合成抵抗

したがって，回路に加わる電圧 V〔V〕は

$$V = V_1 + V_2 + V_3 = (R_1 + R_2 + R_3)I \qquad (1.5)$$

となる。

一方，図 **1.12** (b) に示す回路に，同じ電圧 V〔V〕を加えて，同じ電流 I〔A〕が流れたとすると，次の関係が成り立つ。

$$V = RI \qquad (1.6)$$

式 (1.5)，(1.6) より，次の関係が得られる。

$$R = R_1 + R_2 + R_3 \qquad (1.7)$$

これを，抵抗 R_1, R_2, R_3 の直列接続の**合成抵抗** (combined resistance) という。また，図 (b) を，図 (a) の**等価回路** (equivalent circuit) という。

一方，式 (1.5) から，各抵抗にかかる電圧は

$$V_1 : V_2 : V_3 = R_1 : R_2 : R_3 \qquad (1.8)$$

のようにそれぞれの抵抗の比に分配されることがわかる。

> **問 1.7** $20\,\Omega$ と $30\,\Omega$ の抵抗を直列に接続したときの合成抵抗を求めよ。
> **問 1.8** $10\,\Omega$ と $20\,\Omega$ と $30\,\Omega$ の抵抗を直列に接続したときの合成抵抗を求めよ。

〔2〕**並列接続**　図 **1.13** (a) のように，抵抗 R_1, R_2, R_3〔Ω〕が並列に接続された回路を考える。このような回路を**並列回路** (parallel circuit) という。この回路に電圧 V〔V〕を加えたとき，抵抗 R_1, R_2, R_3〔Ω〕に電流 I_1, I_2, I_3〔A〕が流れたとすると，オームの法則より，これらの電流は次のよ

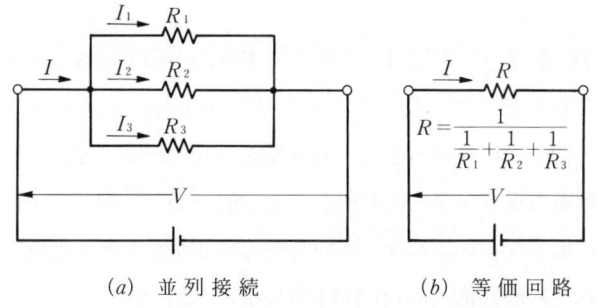

(a)　並列接続　　　　　(b)　等価回路

図 **1.13**　抵抗の並列接続と合成抵抗

うになる。

$$I_1 = \frac{V}{R_1} \text{ [A]}, \quad I_2 = \frac{V}{R_2} \text{ [A]}, \quad I_3 = \frac{V}{R_3} \text{ [A]} \tag{1.9}$$

したがって，回路に流れる電流 I [A] は

$$I = I_1 + I_2 + I_3 = \left(\frac{1}{R_1} + \frac{1}{R_2} + \frac{1}{R_3}\right)V \tag{1.10}$$

となる。

一方，**図 1.13** (b) に示す等価回路で考えると，次の関係が成り立つ。

$$I = \frac{V}{R} \tag{1.11}$$

したがって，式 (1.10)，(1.11) より

$$\frac{1}{R} = \frac{1}{R_1} + \frac{1}{R_2} + \frac{1}{R_3}$$

となるので，抵抗 R_1, R_2, R_3 の並列接続の合成抵抗 R は次のようになる。

$$R = \frac{1}{\frac{1}{R_1} + \frac{1}{R_2} + \frac{1}{R_3}} = \frac{R_1 R_2 R_3}{R_1 R_2 + R_2 R_3 + R_3 R_1} \tag{1.12}$$

また，式 (1.10) より，各抵抗に流れる電流は

$$I_1 : I_2 : I_3 = \frac{1}{R_1} : \frac{1}{R_2} : \frac{1}{R_3} \tag{1.13}$$

のようにそれぞれの抵抗の逆数の比に分流されることがわかる。

|問| **1.9** 20Ω と 30Ω の抵抗を並列に接続したときの合成抵抗を求めよ。

|問| **1.10** 10Ω と 20Ω と 30Ω の抵抗を並列に接続したときの合成抵抗を求めよ。

〔**3**〕**電 圧 降 下**　　電流は，回路中を電源の＋端子から－端子に向かって流れるが，電源内部では－端子から＋端子に向かって流れる。ここで，電源の－端子と＋端子との電位の差を，**端子電圧**（terminal voltage）という。電源は一定の起電力をもつが，電源内を電流が流れると，端子電圧は起電力に比べてわずかに低くなる。これは，電源が内部にわずかながら抵抗をもっているためで，これを**内部抵抗**（internal resistance）という。

1.2 直流回路の計算

図 1.14 に示すように，起電力 E〔V〕，内部抵抗 r〔Ω〕の電源に負荷抵抗 R〔Ω〕を接続し，電流 I〔A〕が流れているとき，電源の端子電圧 V〔V〕は次のように表される．

$$V = E - rI \qquad (1.14)$$

このように，電源の端子電圧は，電源の内部抵抗 r に電流が流れることにより，rI だけ起電力より電圧が降下する．ここで，rI を内部抵抗 r による**電圧降下**（voltage drop）という．

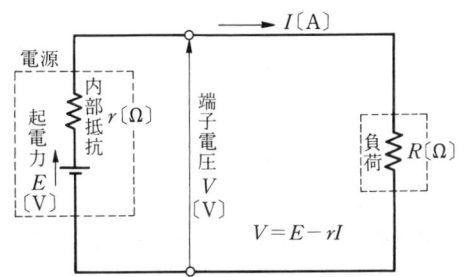

図 1.14 電源の内部抵抗と電圧降下

一方，負荷の部分では，負荷抵抗 R〔Ω〕により RI だけ電圧が降下する．この電圧降下 RI は，電源の端子電圧 V と等しい．

例題 1.3 図 1.14 の回路で，内部抵抗 $r = 0.1\,\Omega$，負荷抵抗 $R = 5\,\Omega$，回路に流れる電流 $I = 20\,\mathrm{A}$ のとき，抵抗 r，R での電圧降下，電源の端子電圧 V および起電力 E を求めよ．

【解答】 r, R での電圧降下は，それぞれ
  $rI = 0.1 \times 20 = 2$〔V〕, $RI = 5 \times 20 = 100$〔V〕
電源の端子電圧 V は RI と等しいので
  $V = RI = 5 \times 20 = 100$〔V〕
電源の起電力 E は，式 (1.14) より
  $E = V + rI = 100 + 2 = 102$〔V〕 ◇

問 1.11 起電力 $100\,\mathrm{V}$，内部抵抗 $0.5\,\Omega$ の電源に，負荷抵抗 R が接続された回路がある．回路に $8\,\mathrm{A}$ の電流が流れているとき，電源の端子電圧はいくらか．また，負荷抵抗 R はいくらか．

1.2.2 直流回路の基本

これまで学んだオームの法則や合成抵抗を使って，基本的な直流回路の計算をすることができる。

例題 1.4 図 1.15 のように，20 Ω と 5 Ω の抵抗を直列に接続し，両端に 100 V の電圧を加えたとき，各抵抗の端子電圧を求めよ。

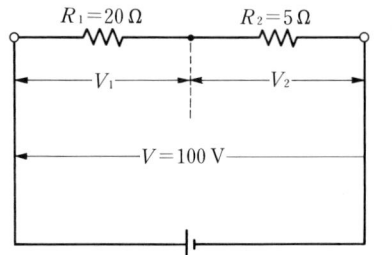

図 1.15

【解答】 20 Ω と 5 Ω の抵抗の端子電圧をそれぞれ V_1, V_2 とすると，合成抵抗 R は

$$R = 20 + 5 = 25 \ [\Omega]$$

なので，回路を流れる電流 I は

$$I = \frac{V}{R} = \frac{100}{25} = 4 \ [A]$$

となる。したがって，端子電圧は，次のようになる。

$$V_1 = R_1 I = 20 \times 4 = 80 \ [V], \quad V_2 = R_2 I = 5 \times 4 = 20 \ [V] \qquad \diamondsuit$$

例題 1.5 図 1.16 のように，20 Ω と 40 Ω の抵抗を並列に接続し，両端に 100 V の電圧を加えたとき，各抵抗に流れる電流を求めよ。

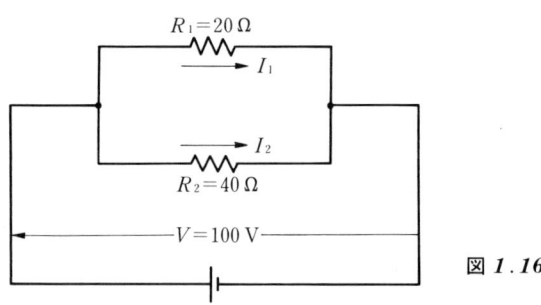

図 1.16

【解答】 20Ωと40Ωの抵抗を流れる電流をそれぞれ I_1, I_2 とすると，オームの法則より

$$I_1 = \frac{V}{R_1} = \frac{100}{20} = 5 \text{ [A]}, \quad I_2 = \frac{V}{R_2} = \frac{100}{40} = 2.5 \text{ [A]}$$ ◇

例題 1.6 図 1.17 のように，200Ωと300Ωの抵抗を並列に接続し，それに直列に30Ωの抵抗を接続し，両端に300Vの電圧を加えたとき，各抵抗の端子電圧および各抵抗を流れる電流を求めよ。

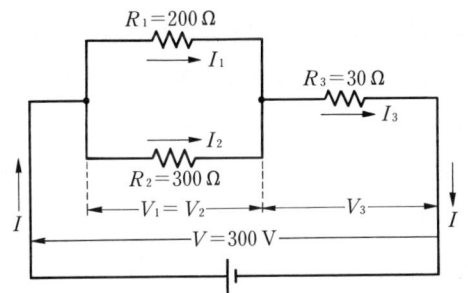

図 1.17

【解答】 200Ω, 300Ω, 30Ω を流れる電流をそれぞれ I_1, I_2, I_3, 端子電圧を V_1, V_2, V_3 とする。200Ωと300Ωの合成抵抗 R' および全体の合成抵抗 R は

$$\frac{1}{R'} = \frac{1}{200} + \frac{1}{300} = \frac{5}{600}, \quad \therefore R' = \frac{600}{5} = 120 \text{ [Ω]}$$

$$R = R' + 30 = 120 + 30 = 150 \text{ [Ω]}$$

これより，回路全体を流れる電流 I は

$$I = I_3 = \frac{V}{R} = \frac{300}{150} = 2 \text{ [A]}$$

端子電圧 V_1, V_2, V_3 は

$$V_1 = V_2 = R'I = 120 \times 2 = 240 \text{ [V]}, \quad V_3 = R_3 I = 30 \times 2 = 60 \text{ [V]}$$

電流 I_1, I_2 は

$$I_1 = \frac{V_1}{R_1} = \frac{240}{200} = 1.2 \text{ [A]}, \quad I_2 = \frac{V_2}{R_2} = \frac{240}{300} = 0.8 \text{ [A]}$$ ◇

問 1.12 100Ωと150Ωの抵抗を直列に接続し，両端に100Vの電圧を加えたとき，各抵抗の端子電圧を求めよ。

問 1.13 10Ωと100Ωの抵抗を並列に接続し，両端に200Vの電圧を加えたとき，各抵抗に流れる電流を求めよ。

14   *1. 直 流 回 路*

1.2.3 キルヒホッフの法則

これまでは，オームの法則を用いて，比較的簡単な回路を扱ってきた。一般に，多くの電源や抵抗などが複雑に組み合わさってできた回路を，**回路網** (network) という。このような回路網の計算には，ドイツのキルヒホッフ (Gustav Robert Kirchhoff, 1824〜1887) により発見された，**キルヒホッフの法則** (Kirchhoff's law) を用いるとよい。キルヒホッフの法則には，電流に関する法則である第1法則と，電圧に関する法則である第2法則とがある。

〔*1*〕 **キルヒホッフの第1法則**　回路中の任意の点に流入出する電流について，「**回路網中の任意の点に流入する電流と，流出する電流は等しい**」。これを**キルヒホッフの第1法則** (Kirchhoff's first law) という。例えば，**図** *1.18* に示すように，点Pに電流 I_1, I_2, I_4 が流入し，点Pから電流 I_3, I_5 が流出しているとき，点Pについて次の関係が成り立つ。

$$I_1 + I_2 + I_4 = I_3 + I_5 \qquad (1.15)$$

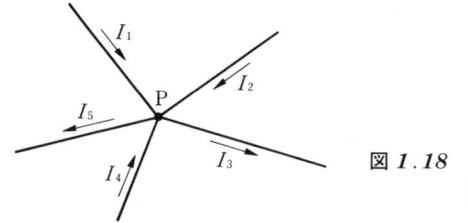

図 *1.18*　キルヒホッフの第1法則

この式は

$$I_1 + I_2 + I_4 + (-I_3) + (-I_5) = 0 \qquad (1.16)$$

と書くこともできる。したがって，ある点に流入する電流を正，流出する電流を負とすると，キルヒホッフの第1法則は，「**回路網中の任意の点に流入する電流の総和は0である**」と表現することもできる。

〔*2*〕 **キルヒホッフの第2法則**　一巡して閉じている回路を**閉回路** (closed circuit) という。いま，閉回路に沿ってある向きに回路をたどるとする。このたどる向きと同じ向きの電源の起電力および抵抗による電圧降下を正とし，逆向きのものを負とすると，「**回路網中の任意の閉回路において，電源**

の起電力の総和は，電圧降下の総和に等しい」。これを**キルヒホッフの第2法則** (Kirchhoff's second law) という。

例えば，図 **1.19** に示す閉回路において，①のような方向を考えると，次の関係が成り立つ。

$$E_1 - E_2 = R_1 I_1 - R_2 I_2 + R_3 I_3 + R_4 I_4 \tag{1.17}$$

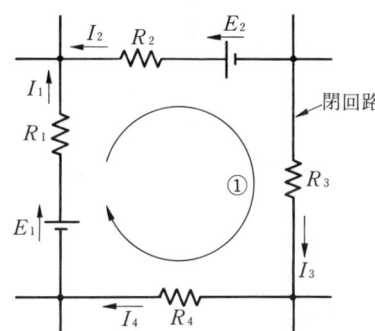

図 **1.19** キルヒホッフの第2法則

キルヒホッフの第2法則を回路網の計算に用いる際の手順を，以下にまとめる。

1) 回路網に流れる電流の正の向きを任意に決める。
2) 閉回路ごとに，回路をたどる向きを任意に決める。
3) 回路をたどる向きと起電力 E の向きが同じとき E，逆のとき $-E$ とする。
4) 回路をたどる向きと電圧降下 RI の向きが同じとき RI，逆のとき $-RI$ とする。
5) （起電力の総和）＝（電圧降下の総和）とおく。

キルヒホッフの法則を用いて回路網の計算を行う場合，一般に，第1法則と第2法則についての連立方程式を立てる。その際，未知量と同じ数だけの方程式が必要となる。

例題 1.7 図 **1.20** の回路において，キルヒホッフの法則を用いて各抵抗に流れる電流とその向きを求めよ。

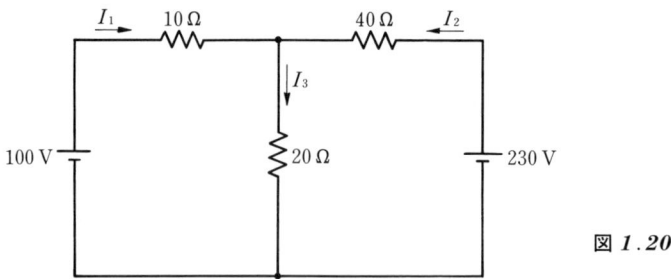

図 1.20

【解答】 例えば，図 1.21 のように電流の向きおよび回路をたどる向きを決める。未知量は三つの電流なので，3個の方程式が必要となる。キルヒホッフの第1法則より，点 a について

$$I_3 = I_1 + I_2 \tag{1}$$

キルヒホッフの第2法則より，閉回路①について

$$E_1 = R_1 I_1 + R_3 I_3, \quad \therefore \quad 100 = 10 I_1 + 20 I_3 \tag{2}$$

キルヒホッフの第2法則より，閉回路②について

$$E_2 = R_2 I_2 + R_3 I_3, \quad \therefore \quad 230 = 40 I_2 + 20 I_3 \tag{3}$$

これらの式 (1) 〜 (3) を連立方程式として解く。式 (2), (3) に式 (1) を代入すると

$$100 = 30 I_1 + 20 I_2 \tag{4}$$
$$230 = 20 I_1 + 60 I_2 \tag{5}$$

(4)×3−(5) により，I_2 を消去すると

$$70 = 70 I_1, \quad \therefore \quad I_1 = 1 \text{ [A]}$$

I_1 の値を式 (4) に代入すると

$$100 = 30 \times 1 + 20 I_2, \quad \therefore \quad I_2 = 3.5 \text{ [A]}$$

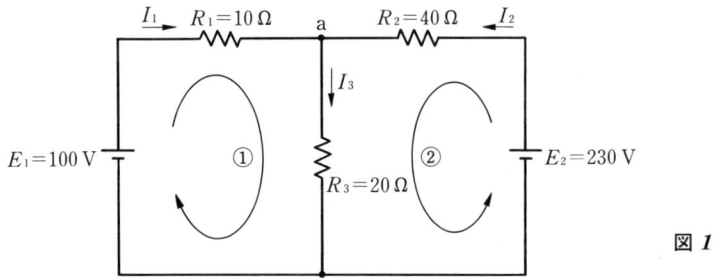

図 1.21

I_1 と I_2 の値を式 (1) に代入すると

$I_3 = 1 + 3.5 = 4.5$ 〔A〕

となる。各電流の向きは、はじめに仮定した向きと同じである。　　◇

例題 1.8　図 **1.22** の回路において、キルヒホッフの法則を用いて各抵抗に流れる電流とその向きを求めよ。

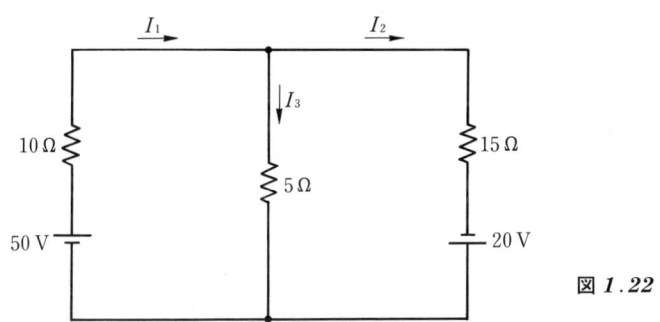

図 **1.22**

【解答】　例えば、図 **1.23** のように電流の向きおよび回路をたどる向きを決めると、キルヒホッフの第1法則より、点 a について

$I_1 = I_2 + I_3$ 　　　　　　　　　　　　　　　　　　　　　　(1)

キルヒホッフの第2法則より、閉回路①について

$E_1 = R_1 I_1 + R_3 I_3$,　∴　$50 = 10 I_1 + 5 I_3$ 　　　　　(2)

キルヒホッフの第2法則より、閉回路②について

$E_2 = R_2 I_2 - R_3 I_3$,　∴　$20 = 15 I_2 - 5 I_3$ 　　　　　(3)

これらの式 (1)〜(3) を連立方程式として解く。式 (1) を式 (2) に代入すると

$50 = 10 I_2 + 15 I_3$ 　　　　　　　　　　　　　　　　　　　(4)

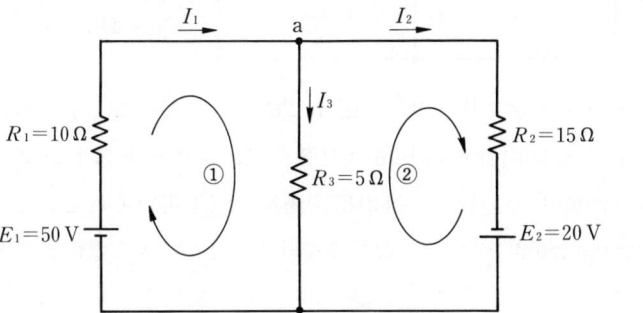

図 **1.23**

$(3) \times 3 + (4)$ により I_3 を消去すると

$110 = 55I_2, \quad \therefore \quad I_2 = 2$ 〔A〕

I_2 の値を式 (3) に代入すると

$20 = 15 \times 2 - 5I_3, \quad \therefore \quad I_3 = 2$ 〔A〕

I_2 と I_3 の値を式 (1) に代入すると

$I_1 = 2 + 2 = 4$ 〔A〕

となる。各電流の向きは，はじめに仮定した向きと同じである。　◇

問 **1.14** 図 **1.24** の回路において，電流 I_1, I_2, I_3 を求めよ。

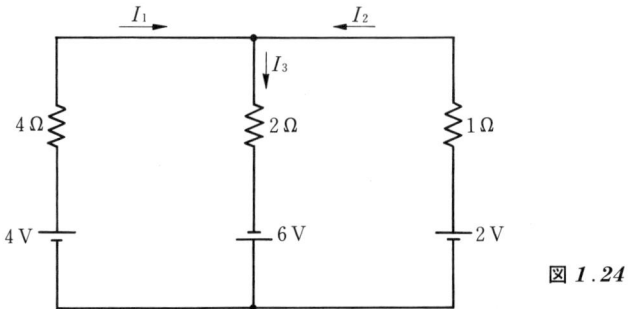

図 **1.24**

問 **1.15** 図 **1.25** の回路において，起電力 E，抵抗 r，電流 I を求めよ。

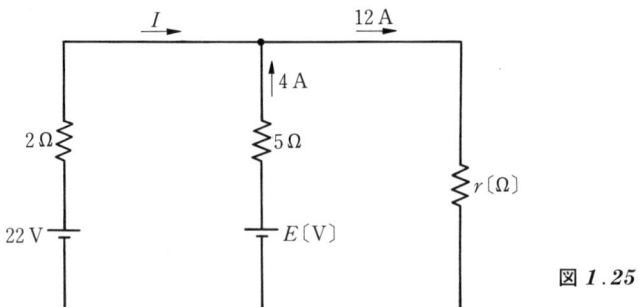

図 **1.25**

〔3〕　**ホイートストンブリッジ**　図 **1.26** に示すように，4個の抵抗を接続し，対角線上に検流計を取り付けた装置を，**ホイートストンブリッジ** (Wheatstone bridge) といい，抵抗の精密測定に広く用いられている。ここで**検流計** (galvanometer) とは，微小な電流を計ることができる電流計である。

1.2 直流回路の計算

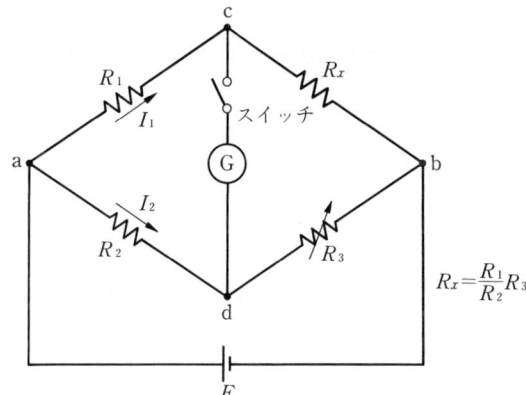

図 **1.26** ホイートストンブリッジ

いま,抵抗 R_1, R_2 を値がわかっている既知抵抗,R_3 を大きさを自由に変えることができる可変抵抗,R_x を値のわからない未知抵抗とする。スイッチを閉じると,cとdの電位が異なる場合は,cd 間に電流が流れ検流計の針が振れる。ここで,可変抵抗 R_3 を調節することにより,cd 間の電位差を 0,つまり検流計に流れる電流を 0 にすることができる。このような状態を,ブリッジが**平衡** (balance) しているという。

このとき,R_1 と R_x に流れる電流を I_1,R_2 と R_3 に流れる電流を I_2 とすると,キルヒホッフの第 2 法則より,閉回路 a → c → d → a および閉回路 c → b → d → c について,それぞれ

$$R_1 I_1 - R_2 I_2 = 0, \quad \therefore \quad R_1 I_1 = R_2 I_2 \tag{1.18}$$

$$R_x I_1 - R_3 I_2 = 0, \quad \therefore \quad R_x I_1 = R_3 I_2 \tag{1.19}$$

が成り立つ。式 (1.18),(1.19) より I_1, I_2 を消去すると,次式が得られる。

$$R_x = \frac{R_1}{R_2} R_3 \tag{1.20}$$

これより,ブリッジが平衡しているとき,わかっている抵抗 R_1, R_2, R_3 から未知抵抗 R_x を求めることができる。

例題 1.9 図 **1.26** の回路において，$R_1=100\,\Omega$，$R_2=200\,\Omega$ であるとする。スイッチを閉じて $R_3=50\,\Omega$ にしたとき，検流計の振れが 0 になった。抵抗 R_x はいくらか。

【解答】 ブリッジが平衡しているので，式 (1.20) より R_x は

$$R_x=\frac{R_1}{R_2}R_3=\frac{100}{200}\times 50=25\,[\Omega] \qquad \diamondsuit$$

[問] **1.16** 図 **1.26** の回路において，$R_1=30\,\Omega$，$R_2=10\,\Omega$，$R_3=20\,\Omega$ のときブリッジが平衡した。抵抗 R_x はいくらか。

1.3 熱エネルギーと電力

1.3.1 ジュールの法則

電熱器やアイロンなどが熱くなるのは，電熱線がもつ抵抗に電流が流れるためである。このように，抵抗に電流が流れると熱が発生する。図 **1.27** のように，抵抗 $R\,[\Omega]$ に電流 $I\,[A]$ が t 秒間流れると，抵抗に発生する熱量 $H\,[J]$ は，次の式で与えられる。

$$H=RI^2t\,[J] \qquad (1.21)$$

このことは，ジュール（James Prescott Joule，1818～1889，イギリス）が実験的に確かめたもので，**ジュールの法則**（Joule's law）という。また，このとき発生する熱を**ジュール熱**（Joule heat）といい，単位には**ジュール**（joule，単位記号 J）が用いられる。

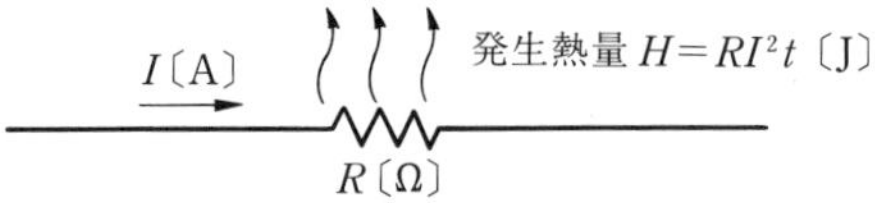

図 **1.27** ジュールの法則

熱量の単位としては，ジュールのほかに**カロリー**（calorie，単位記号 cal）が用いられる。1 cal は，1 g の水の温度を 1℃ 上昇させるのに必要な熱量で，カロリーとジュールの間には，1 cal ≒ 4.19 J という関係がある。これより，式

(1.21) をカロリーの単位で表すと，次のようになる。

$$H = \frac{1}{4.19}RI^2t \ [\text{cal}] \tag{1.22}$$

また，m〔g〕の水の温度をT〔℃〕上昇させるのに必要な熱量は，カロリーの定義より次の式で与えられる。

$$H = mT \ [\text{cal}] = 4.19mT \ [\text{J}] \tag{1.23}$$

例題 1.10 20Ωの抵抗に5Aの電流を2分間流したとき，発生する熱量をジュールとカロリー単位で求めよ。

【解答】 2分$=60\times2=120$秒なので，発生熱量H〔J〕は，式(1.21)より
$$H = RI^2t = 20\times5^2\times120 = 6\times10^4 \ [\text{J}]$$
また，カロリー単位では，式(1.22)より
$$H = \frac{1}{4.19}RI^2t = \frac{1}{4.19}\times6\times10^4 = 1.43\times10^4 \ [\text{cal}] \qquad \diamondsuit$$

問 1.17 50Ωの抵抗に100Vの電圧を加え，電流を4分間流したとき，発生する熱量は何Jか。

問 1.18 20℃の水2lを50℃にするために必要な熱量を，ジュールおよびカロリー単位で求めよ。

1.3.2 電力と電力量

電気エネルギーは，光や熱のエネルギーに変換され消費される。このような消費される電気エネルギーの量を表すのに，電力や電力量が用いられる。

〔1〕 **電　　力**　抵抗R〔Ω〕に電流I〔A〕がt秒間流れると，電気エネルギーは式(1.21)で表される熱エネルギー$H = RI^2t$〔J〕に変換される。このとき，電気エネルギーは抵抗R〔Ω〕で消費されたことになり，1秒間当りに消費される電気エネルギーを**電力** (electric power) という。電力の記号にはP，単位には**ワット** (watt，単位記号W) が用いられる。

いま，R〔Ω〕の抵抗にV〔V〕の電圧を加えて，I〔A〕の電流がt秒間流れたときの電力P〔W〕は，次のようになる。

$$P = \frac{RI^2 t}{t} = RI^2 = VI \ (\mathrm{W}) \qquad (1.24)$$

すなわち，電力 P 〔W〕は，電圧 V 〔V〕と電流 I 〔A〕との積で表される。

〔**2**〕 **電 力 量**　1秒間当りに消費される電気エネルギーを電力と定義したが，t 秒間当りに消費される電気エネルギーを**電力量** (electric energy) という。電力量は電力と時間との積で表され，記号には W，単位には**ワット秒** (watt second, 単位記号 W·s) またはジュールが用いられる。

P 〔W〕の電力を t 秒間使用したときの電力量 W 〔W·s〕は，次の式で表される。

$$W = Pt \ (\mathrm{W \cdot s}) \qquad (1.25)$$

電力量の単位として，実用的にはワット秒では小さすぎるので，一般的には**ワット時** (watt hour, 単位記号 W·h) や**キロワット時** (kilowatt hour, 単位記号 kW·h) が用いられる。**表1.2** に，電力量の単位の関係を示す。

表1.2　電力量の単位の関係

単位記号	単 位	単 位 の 関 係
J	ジュール	
W·s	ワット秒	1 W·s = 1 J
W·h	ワット時	1 W·h = 3 600 W·s
kW·h	キロワット時	1 kW·h = 1 000 W·h = 3 600 × 1 000 W·s = 3.6 × 10⁶ W·s

一般に，電気機器に供給される電力が有効に使われる割合を百分率で表したものを**効率** (efficiency) という。効率 η 〔%〕は，供給される電力 P_i 〔W〕(入力) と使用される電力 P_o 〔W〕(出力) との比で次のように表される。

$$\eta = \frac{P_o}{P_i} \times 100 \ (\%) \qquad (1.26)$$

効率の高い機器ほど，省エネルギーの観点からみて優れた機器であるといえる。

例題 1.11　ある電熱線に100 V の電圧を加え，3 A の電流を2時間流したとき，消費される電力および電力量を求めよ。

【解答】 消費される電力 P 〔W〕は，式 (1.24) より
$$P = VI = 100 \times 3 = 300 \text{ 〔W〕}$$
電力量 W は，2時間 $= 2 \times 60 \times 60 = 7\,200$ 秒なので，式 (1.25) より
$$W = Pt = 300 \times 7\,200 = 2.16 \times 10^6 \text{ 〔W·s〕} = 2.16 \times 10^6 \text{ 〔J〕} = 2.16 \times 10^3 \text{ 〔kW·s〕}$$
また，kW·h 単位では
$$W = Pt = 300 \times 2 = 600 \text{ 〔W·h〕} = 0.6 \text{ 〔kW·h〕} \qquad\diamond$$

[問] **1.19** 5Ωの抵抗に 20A の電流が流れているとき，消費される電力を求めよ。

[問] **1.20** 消費電力 1.5kW のアイロンを 30 分間使ったとき，消費される電力量は何 J か。また，何 kW·s か。

[問] **1.21** 消費電力 600W の電熱線を使って，20℃の水 1l を 80℃にするには，何分かかるか。

1.3.3 熱電現象

熱により金属に起電力が生じたり，電流により熱の吸収や発生が起きる現象を**熱電現象**といい，ゼーベック効果，ペルチエ効果などがある。

〔1〕**ゼーベック効果**　図 **1.28** に示すように，2種類の金属線の両端を接合したものを，**熱電対** (thermocouple) という。熱電対の二つの接合部をそれぞれ異なる温度に保ち，温度差を与えると，熱電対に起電力が発生する。この現象は，ゼーベック (Thomas Johann Seebeck, 1770～1831, ドイツ) により発見され，**ゼーベック効果** (Seebeck effect) という。また，このとき発生する起電力を**熱起電力** (thermoelectromotive force) という。ここで，高温側の接合点を**温接点**，低温側の接合点を**冷接点**という。

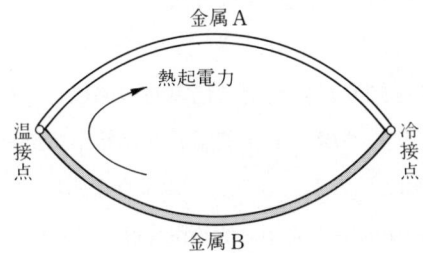

図 **1.28** 熱電対

熱起電力の大きさは，二つの金属の種類や，温接点と冷接点との温度差により決まる。**表 1.3** は，いろいろな金属を白金と組み合わせた場合の，白金に対する熱起電力を示している。表の値は，冷接点を0°C，温接点を100°Cにした場合のもので，符号は，**図 1.29** に示すように，冷接点から白金を通り温接点に向かう方向を＋，逆向きを－としている。

表 1.3　いろいろな金属の白金に対する熱起電力

金　属	熱起電力〔mV〕	金　属	熱起電力〔mV〕
ゲルマニウム	＋33.90	マンガニン	＋ 0.61
アンチモン	＋ 4.89	鉛	＋ 0.44
鉄	＋ 1.98	アルミニウム	＋ 0.42
タングステン	＋ 1.12	スズ	－41.56
金	＋ 0.78	ケイ素	－41.56
亜　鉛	＋ 0.76	ビスマス	－ 7.34
銅	＋ 0.76	コンスタンタン	－ 3.51
銀	＋ 0.74	ニッケル	－ 1.48

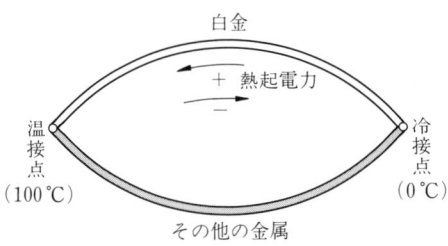

図 1.29　白金とその他の金属による熱電対における熱起電力の方向

図 1.30 (a) のように金属Aと金属Bからなる熱電対の一部を切り離して，同図 (b) のように別の金属Cを挿入しても，金属Cの両接合部の温度がどちらも切り離す前の温度と等しければ，起電力は変わらない。これを，**中間金属の法則**という。この法則を利用して，金属Cの代わりに電圧計を接続すれば，熱起電力を測定することができる。

図 1.31 に示すように，温度を知りたい場所に熱電対の温接点を挿入し，冷接点を冷やして0°Cに保ち，リード線により電圧計を接続して熱起電力を測定すれば，その場所の温度を知ることができる。このような原理で温度を測定する計器を，**熱電温度計**（thermoelectric thermometer）という。

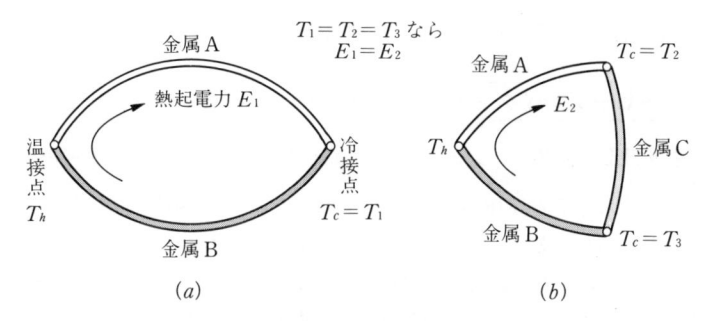

図 1.30　中間金属の法則

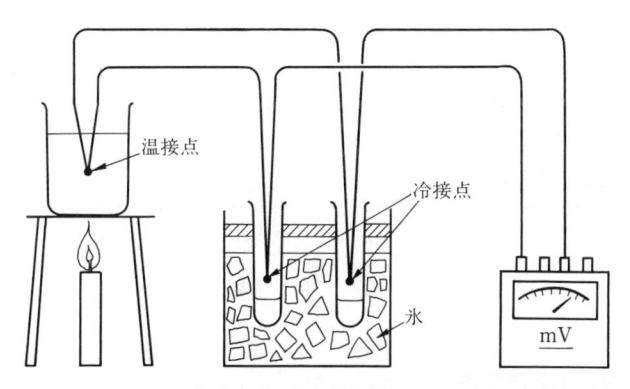

図 1.31　熱電温度計の原理

〔2〕 **ペルチエ効果**　例えば，図 1.32 のように，銅とコンスタンタンまたは半導体を接続し，図 (a) のような向きに電流を流すと，接合部において熱の発生が起き，図 (b) のような向きに電流を流すと，熱の吸収が起こる。このように，2種類の金属を接合し電流を流すと，接合部で熱の発生や吸収が起こる現象は，ペルチエ (Jean Charles Athanase Peltier, 1785〜1845, フランス) によって発見され，**ペルチエ効果** (Peltier effect) という。発熱ま

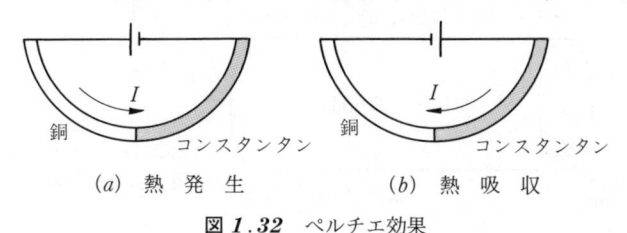

図 1.32　ペルチエ効果

たは吸熱の量は，電流の大きさにより決まる。

┤ コーヒーブレイク ├──

単位に名を残した人物　　ジュール（James Prescott Joule, 1818〜1889）

イギリスの物理学者。1818年12月24日ソルフォードで裕福な醸造家の子として生まれた。病気がちであったため，家庭内で教育を受けた。

ジュールの最初の大きな研究は，導線での発熱と電気エネルギーとの関係を明らかにすることであった。1840年，導線に電流が流れる際に発生する熱量は，導線の抵抗と導体を流れる電流の2乗との積に比例することを証明した。これが，現在ジュールの法則として知られている発見である。

その後，ジュールは，熱と機械的仕事との関係を調べる研究を行い，単位熱量（1 cal）を作りだすのに必要な仕事量，すなわち熱の仕事当量を得た。この研究結果は，エネルギー保存の原理の基礎となった。

エネルギーおよび仕事の単位ジュール（J）は，彼の名前によるものである。

1.4 電気抵抗

1.4.1 抵抗率と導電率

温度が一定の場合，物質の種類が同じでも，物質の断面積や長さによって抵抗は変化する。図 **1**.33 のように，断面積 A 〔m²〕，長さ l 〔m〕の線状導体の抵抗 R 〔Ω〕は，比例定数を ρ として，次の式で表される。

$$R = \rho \frac{l}{A} \ \text{〔Ω〕} \tag{1.27}$$

この比例定数 ρ（ローと読む）は，物質固有の量であり，単位長さ，単位断

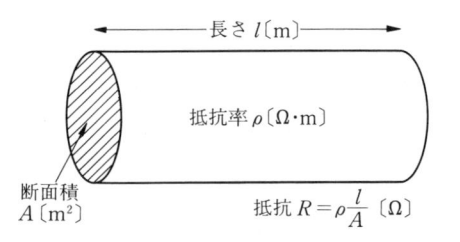

図 **1**.33　導体の抵抗

面積当りの抵抗を表し，**抵抗率**（resistivity）と呼ばれる。抵抗率の単位としては，**オームメートル**（ohm meter，単位記号 Ω·m）を用いる。

　抵抗率が小さく，電流が流れやすい，鉄，銅などの金属は，**導体**（conductor）と呼ばれる。抵抗率が大きく，電流が流れにくい，ゴム，ガラスなどの物質は，**絶縁物**（insulating material）または**不導体**（non-conductor）と呼ばれる。また，抵抗率が導体と絶縁物の中間の大きさで，導体と絶縁物の中間の性質をもつ，シリコン，ゲルマニウムなどの物質は，**半導体**（semiconductor）と呼ばれる。**表 1.4** はいろいろな金属の抵抗率，**表 1.5** はいろいろな絶縁物の抵抗率を示したものである。

表 1.4　いろいろな金属の抵抗率（20 ℃）

金　属	抵抗率 ρ 〔$\times 10^{-8}$ Ω·m〕	金　属	抵抗率 ρ 〔$\times 10^{-8}$ Ω·m〕
銀	1.62	鉄(純)	9.8
銅(軟)	1.72	白　金	10.6
金	2.4	ス　ズ	11.4
アルミニウム(軟)	2.75	鉛	21
マグネシウム	4.5	水　銀	95.8
タングステン	5.5	ニクロム	109
亜　鉛	5.9	（鉄を含まない）	
ニッケル(軟)	7.24		

表 1.5　いろいろな絶縁物の抵抗率

物　質	抵抗率 ρ 〔Ω·m〕
雲母(成形)	10^{13}
ガラス(石英)	$>10^{16}$
ガラス(パイレックス)	10^{12}
ゴム(天然)	$10^{13} \sim 10^{15}$
絶縁(鉱)油	$10^{11} \sim 10^{15}$
パラフィン	$10^{13} \sim 10^{17}$
ポリ塩化ビニル(軟)	$5 \times 10^{6} \sim 6 \times 10^{12}$
ポリエチレン	$>10^{14}$

　一方，抵抗率の逆数を**導電率**（conductivity）といい，電流の流れやすさを表す。導電率は σ（シグマと読む）という記号で表され，その単位には，**ジーメンス毎メートル**（siemens per meter，単位記号 S/m）を用いる。

　抵抗率 ρ と導電率 σ との関係は，次の式で表される。

$$\sigma = \frac{1}{\rho} \; [\text{S/m}] \tag{1.28}$$

ある導体の電流の流れやすさを表すために，その導体の導電率が，標準軟銅の導電率（$=1/(1.7241\times10^{-8})\text{S/m}$）の何パーセントにあたるかで表したものを，**パーセント導電率**（percentage conductivity）という。

例題 1.12 直径 4 mm，長さ 5 m の銅線の抵抗はいくらか。ただし，銅の抵抗率を $1.72\times10^{-8}\,\Omega\cdot\text{m}$ とする。

【解答】 直径 $4\,\text{mm}=4\times10^{-3}\,\text{m}$ より，断面積 $A\,[\text{m}^2]$ は

$$A = \pi\left(\frac{4\times10^{-3}}{2}\right)^2 = \pi\times(2\times10^{-3})^2 = 4\pi\times10^{-6}\,[\text{m}^2]$$

これより，長さ 5 m の銅線の抵抗は

$$R = \rho\frac{l}{A} = 1.72\times10^{-8}\times\frac{5}{4\pi\times10^{-6}} = \frac{1.72\times1.25\times10^{-2}}{\pi} = 6.84\times10^{-3}\,[\Omega] \quad \diamondsuit$$

例題 1.13 銀の抵抗率は $1.62\times10^{-8}\,\Omega\cdot\text{m}$ である。導電率はいくらか。また，パーセント導電率はいくらか。

【解答】 導電率 σ は抵抗率 ρ の逆数なので

$$\sigma = \frac{1}{\rho} = \frac{1}{1.62\times10^{-8}} = \frac{10^8}{1.62} = 6.17\times10^7\,[\text{S/m}]$$

パーセント導電率は，標準軟銅の導電率 $=1/(1.7241\times10^{-8})\text{S/m}$ との比なので

$$\frac{\dfrac{1}{1.62\times10^{-8}}}{\dfrac{1}{1.7241\times10^{-8}}}\times100 = \frac{1.7241}{1.62}\times100 = 106.4\,[\%] \quad \diamondsuit$$

問 1.22 断面積 $1\,\text{mm}^2$，長さ 2 m の銅線の抵抗はいくらか。ただし，銅の抵抗率を $1.72\times10^{-8}\,\Omega\cdot\text{m}$ とする。

問 1.23 直径 2 mm，長さ 1 km のアルミ線の抵抗が $8.75\,\Omega$ のとき，抵抗率はいくらか。また，導電率はいくらか。

1.4.2 抵抗の温度係数

同じ種類の物質で形状が同じでも，抵抗は温度により変化する。**図 1.34**

1.4 電気抵抗

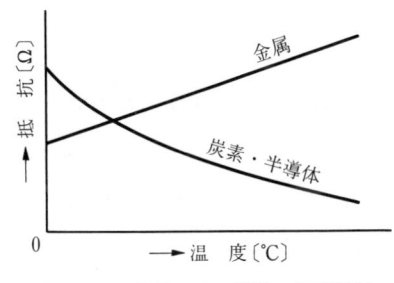

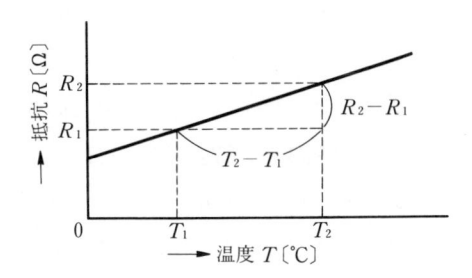

図 1.34 物質による抵抗の温度特性

図 1.35 抵抗と温度の関係

に示すように，一般に，金属導体は温度の上昇とともに抵抗が増加するが，炭素や半導体などは逆に減少する性質をもっている。

例えば，**図 1.35** に示すように，温度の上昇とともに抵抗が大きくなる物質の場合を考える。温度 T_1〔℃〕のときの抵抗が R_1〔Ω〕で，温度が T_2〔℃〕に上昇したときの抵抗が R_2〔Ω〕だとすると，T_1〔℃〕において，温度1℃当りの抵抗の増加量は，$(R_2-R_1)/(T_2-T_1)$ となる。T_1〔℃〕での抵抗は R_1〔Ω〕なので，抵抗1Ω当りの抵抗の増加量は，次のようになる。

$$\alpha_1 = \frac{1}{R_1} \cdot \frac{R_2-R_1}{T_2-T_1} \ [\text{℃}^{-1}] \tag{1.29}$$

この α_1〔℃$^{-1}$〕は，物質の温度がある温度 T_1 から1℃上昇したときの抵抗の変化を，その温度 T_1 での抵抗値で割ったもので，温度 T_1 における**抵抗の温度係数**という。抵抗の温度係数は物質固有のもので，この例のように温度が上昇すると抵抗が増加する物質では正，逆に，温度が上昇すると抵抗が減少する物質では負の値となる。**表 1.6** にいろいろな金属の抵抗の温度係数を示す。

表 1.6 いろいろな金属の抵抗の温度係数（0～100℃の平均）

金　属	平均温度係数 $\alpha_{0,100}$〔×10^{-3} ℃$^{-1}$〕
タングステン	5.3
銅(軟)	4.3
アルミニウム(軟)	4.2
銀	4.1
金	4.0
白　金	3.9
ニクロム(鉄を含む)	0.3～0.5
ニクロム(鉄を含まない)	0.1

ここで温度係数は温度により変化するので，0～100℃での平均の温度係数 $\alpha_{0,100}$ を示す。

いま，式 (1.29) を R_2 についての式に書きかえると，次のようになる。

$$R_2 = R_1\{1 + \alpha_1(T_2 - T_1)\} \ [\Omega] \tag{1.30}$$

この式を用いて，温度 T_1 [℃] での抵抗が R_1 [Ω]，その温度での抵抗の温度係数が α_1 [℃$^{-1}$] の物質の，温度 T_2 [℃] における抵抗 R_2 [Ω] を求めることができる。

一方，温度 T_2 [℃] での抵抗の温度係数 α_2 [℃$^{-1}$] は，式 (1.29)，(1.30) より

$$\alpha_2 = \frac{1}{R_2} \cdot \frac{R_1 - R_2}{T_1 - T_2} = \frac{1}{R_2} \cdot \frac{R_2 - R_1}{T_2 - T_1} = \frac{1}{R_1\{1 + \alpha_1(T_2 - T_1)\}} \alpha_1 R_1$$

$$= \frac{\alpha_1}{1 + \alpha_1(T_2 - T_1)} \ [℃^{-1}] \tag{1.31}$$

となる。

例題 1.14 20℃での抵抗が 10Ω の銅線が，50℃ になったときの抵抗を求めよ。ただし，20℃での抵抗の温度係数を $\alpha_1 = 4.3 \times 10^{-3}$ ℃$^{-1}$ とする。

【解答】 50℃での抵抗は，式 (1.30) より

$$R_2 = R_1\{1 + \alpha_1(50 - 20)\} = 10(1 + 4.3 \times 10^{-3} \times 30) = 10 \times 1.129 = 11.29 \ [\Omega] \quad \diamondsuit$$

例題 1.15 20℃での抵抗が 6.5Ω の軟銅線の抵抗を，ある温度で測定したら 8Ω であった。そのときの温度は何度か。ただし，20℃での抵抗の温度係数を $\alpha_1 = 4.3 \times 10^{-3}$ ℃$^{-1}$ とする。

【解答】 式 (1.30) を変形すると

$$\frac{R_2}{R_1} = 1 + \alpha_1(T_2 - T_1), \quad T_2 - T_1 = \frac{1}{\alpha_1}\left(\frac{R_2}{R_1} - 1\right)$$

$$\therefore \quad T_2 = \frac{1}{\alpha_1}\left(\frac{R_2}{R_1} - 1\right) + T_1 = \frac{R_2 - R_1}{\alpha_1 R_1} + T_1$$

これより，変化後の温度 T_2 は

$$T_2 = \frac{8 - 6.5}{4.3 \times 10^{-3} \times 6.5} + 20 = 73.7 \ [℃] \quad \diamondsuit$$

例題 1.16 20℃での抵抗の温度係数が 4.3×10^{-3} ℃$^{-1}$ の銅線がある。この銅線が 60℃ になったときの抵抗の温度係数を求めよ。

【解答】 20℃での抵抗の温度係数を α_1, 60℃になったときの温度係数を α_2 とすると，式 (1.31) より

$$\alpha_2 = \frac{\alpha_1}{1+\alpha_1(T_2-T_1)} = \frac{4.3 \times 10^{-3}}{1+4.3 \times 10^{-3}(60-20)}$$
$$= \frac{4.3 \times 10^{-3}}{1.174} = 3.67 \times 10^{-3} \ [℃^{-1}] \qquad \diamondsuit$$

問 1.24 20℃で抵抗が 8Ω の銅線がある。温度が 1℃上昇すると，抵抗はいくら増加するか。ただし，20℃での抵抗の温度係数を $\alpha_1 = 4.3 \times 10^{-3}$ ℃$^{-1}$ とする。

問 1.25 20℃で抵抗が 12Ω の銅線がある。0℃での抵抗を求めよ。ただし，20℃での抵抗の温度係数を $\alpha_1 = 4.3 \times 10^{-3}$ ℃$^{-1}$ とする。

問 1.26 ある金属の抵抗を測定したら，20℃で 15Ω，60℃で 16.5Ω であった。この金属の 20℃での抵抗の温度係数を求めよ。

演 習 問 題

【1】 導線に 5A の電流を 10 分間流したとき，導線の断面を通過する全電荷量はいくらか。

【2】 問図 1.1 (a), (b) で，電流 I [A] はいくらか。

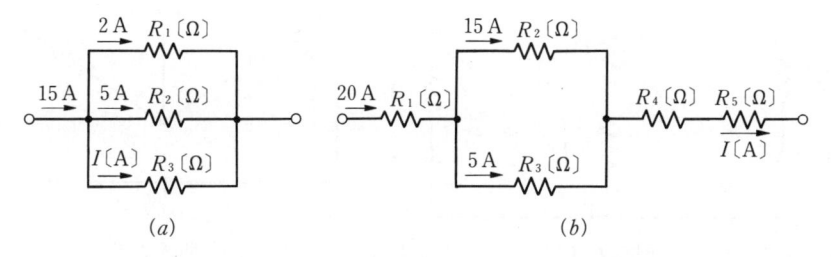

問図 1.1

【3】 問図 1.2 (a), (b) で，電圧 V [V] はいくらか。

32　　1. 直流回路

(a)

(b)

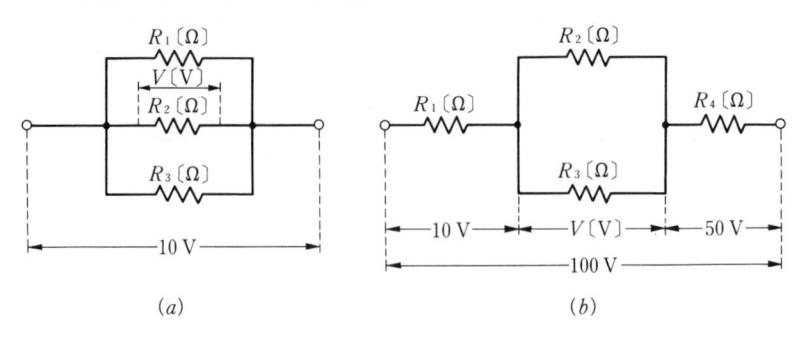

問図 **1.2**

【4】問図 **1.3** で，電圧 V_1〔V〕，V_2〔V〕，電流 I_1〔A〕，I_2〔A〕はいくらか。

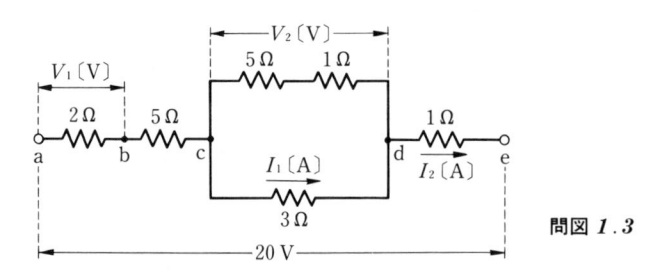

問図 **1.3**

【5】問図 **1.4** の回路において，電流 I_1, I_2, I_3 を求めよ。

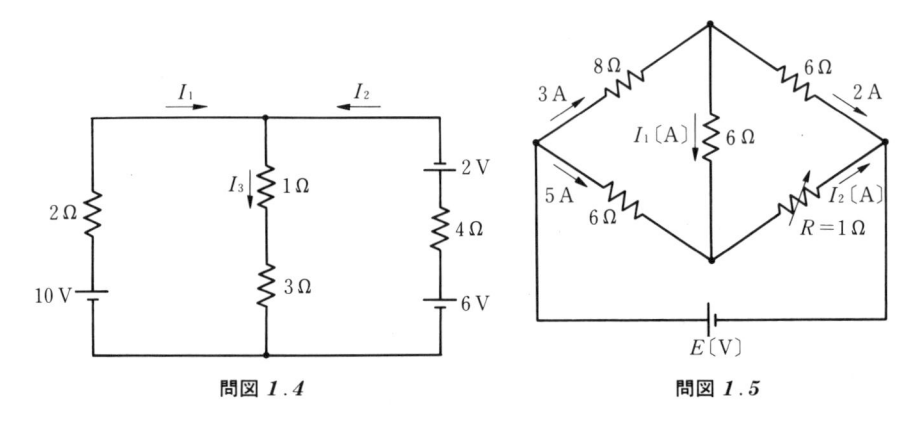

問図 **1.4**

問図 **1.5**

【6】問図 **1.5** のような回路がある。
　　(1) 電流 I_1，I_2 および起電力 E を求めよ。
　　(2) 可変抵抗 R を変化させたら，電流 I_1 が 0 になった。このときの可変

抵抗の値はいくらか。

【7】 ある抵抗に 100 V の電圧を加えると，5 kW の電力を消費する。この抵抗の値はいくらか。また，このとき抵抗に流れる電流はいくらか。

【8】 100 V, 60 W の白熱球がある。
(1) この白熱球の抵抗を求めよ。
(2) この白熱球を 5 時間使用したときの電力量は何 kW·h か。

【9】 1 kW の電熱器を使って 20 °C の水 4 l を 60 °C にするには何分かかるか。ただし，電熱器の効率を 80 % とする。

【10】 長さ 50 m，抵抗 2 Ω のアルミ線の直径を求めよ。ただし，アルミ線の抵抗率を 2.75×10^{-8} Ω·m とする。

【11】 直径 1.2 mm，抵抗率 1.72×10^{-8} Ω·m の銅線を使って 10 Ω の抵抗を作るには，どれだけの長さの銅線が必要か。

【12】 100 V，2 kW の導線がある。この導線の長さが 100 m，直径が 2 mm とすると，抵抗率はいくらか。

【13】 問図 1.6 は，ある物質の抵抗の温度特性の一部を示したものである。
(1) 温度が 20 °C での，抵抗の温度係数 a_{20} を求めよ。
(2) 温度が 80 °C のとき，この物質の抵抗はいくらか。

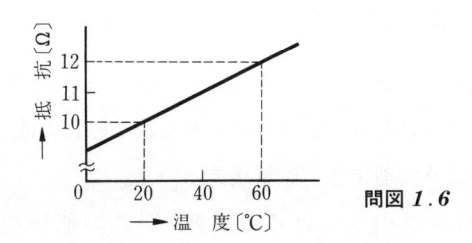

問図 1.6

【14】 0 °C での抵抗が 18 Ω の導線がある。この導線の 20 °C での抵抗を求めよ。ただし，20 °C での抵抗の温度係数を $a_{20} = 5 \times 10^{-3}$ °C^{-1} とする。

2

電 流 と 磁 気

　磁石のまわりには磁界と呼ばれる空間が存在し，金属を引きつけたり，磁石同士引きあったり反発しあったりする。このような現象を磁気現象という。導体に電流を流すと，導体のまわりに磁石と同じような磁界が生じる。また，磁界中の導体に電流を流すと導体は磁界から力を受け，コイルを貫く磁界が変化すると電磁誘導によりコイルに起電力が生じる。工業機器として使われている電動機や変圧器は，このような磁界の性質を利用したものである。

　この章では，磁界の基本である磁気現象，電流と磁界との関係，および電磁誘導などについて学ぶ。

2.1 電 流 と 磁 界

2.1.1 磁界と磁界の大きさ

〔*1*〕 **磁石の性質**　　磁石は，互いに引きつけ合ったり反発し合ったりする。また，鉄を引きつけたり，引きつけられた鉄が磁石の性質をもつようになったりする。このような現象を，**磁気現象**という。

　棒磁石の両端は鉄を引きつける力が強く，この部分を**磁極**（magnetic pole）という。**図** *2.1* のように，棒磁石の中心にひもを付けてつるしたとき，

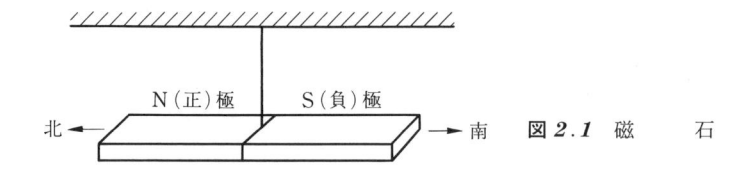

図 *2.1* 磁　　石

磁極のうち北を指すものを**N極**（N pole）または**正極**（positive pole），南を指すものを**S極**（S pole）または**負極**（negative pole）という。図 2.2 に示すように，同極同士（N極とN極，またはS極とS極）は互いに反発し合い，異極同士（N極とS極）は互いに引きつけ合う。

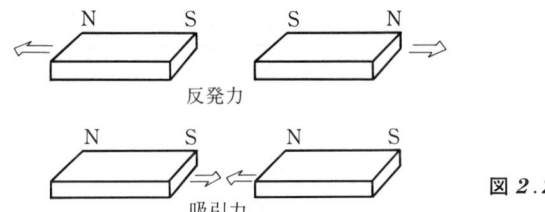

図 2.2 磁極間に働く力

磁極の強さは記号 m で表され，単位に**ウェーバ**（weber，単位記号 Wb）を用いる。N極とS極とは単独には存在せず，必ず対になっており，これを**磁気双極子**（magnetic dipole）という。図 2.3 に示すように，磁気双極子のN極の強さを $+m$〔Wb〕，S極の強さを $-m$〔Wb〕，両極間の距離を l〔m〕とすると，磁気双極子の強さを表す量として

$$M = ml \tag{2.1}$$

で表される M を考え，これを**磁気モーメント**（magnetic moment）という。

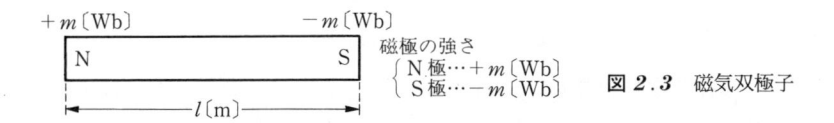

図 2.3 磁気双極子

図 2.4 (a) に示すように，磁石は小さな磁気双極子，つまり小さな磁石の集まりからできている。棒磁石の両端のみに磁極が現れるのは，両端以外では磁極の強さは互いに打ち消し合い 0 となり，両端で磁極が残り，それぞれN極，S極が現れるためである。したがって，磁石を同図 (b) のように途中で切っても，またその両端に磁極が生じて磁石となる。

〔2〕**磁 気 誘 導**　磁石に鉄片を近づけると，鉄片は磁石に引きつけられる。例えば，磁石のN極を鉄片に近づけると，図 2.5 に示すように，鉄片の

(a) 棒磁石

磁気双極子

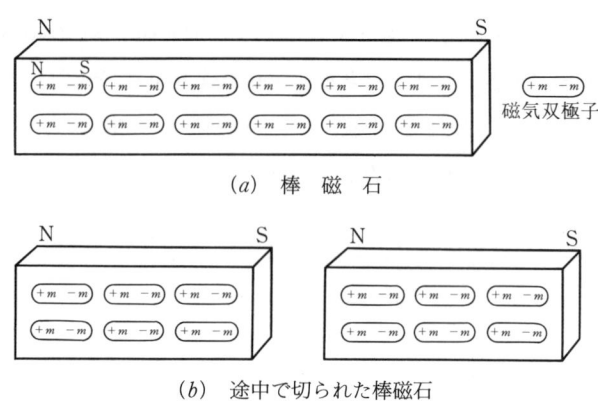

(b) 途中で切られた棒磁石

図 2.4 磁気双極子と棒磁石

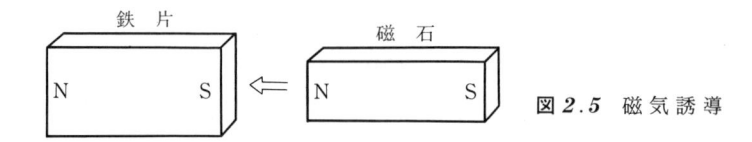

図 2.5 磁 気 誘 導

磁石に近い側にS極が現れ，磁石に遠い側にN極が現れる．このような現象を，**磁気誘導** (magnetic induction) という．磁気誘導により生じた鉄片のS極と，磁石のN極が引きつけ合い，鉄片は磁石に引きつけられる．

このように，磁気誘導により鉄などの物質の両端にN極，S極が生じ磁石になることを，その物質が**磁化** (magnetization) されたという．

〔3〕 **磁界と磁界の強さ**　図 2.6 に示すように，磁石のそばに磁針を置くと磁針が振れる．これは，磁石のまわりに磁気的な力が働く空間が存在するためで，このような空間を，**磁界**または**磁場** (magnetic field) という．磁界は，場所により向きと大きさが異なるベクトル量である．磁界中に m〔Wb〕の磁極を置くと，磁極は次のような力 F〔N〕を受ける．

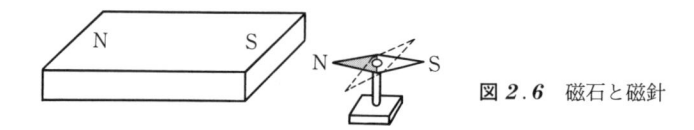

図 2.6 磁石と磁針

$$F = mH \ [\text{N}] \tag{2.2}$$

ここで，H は磁界中に置かれた単位正磁極 1 Wb に働く力の大きさを表し，これをこの点での**磁界の大きさ**と定める。磁界の大きさの単位には，**アンペア毎メートル**（ampere per meter，単位記号 A/m）を用いる。また，磁極に働く力の向きを，**磁界の方向**と定める。これら磁界の向きと大きさをあわせて，**磁界の強さ**（magnetic field strength）という。

磁界の形は，直接目で見ることはできないが，例えば磁石の上に紙を置き，その上に鉄粉を散布し軽くたたくと，**図 2.7** のように鉄粉が線状の配列の模様を描く。そこで，磁界の様子を目で見てわかりやすくするために，**図 2.8** に示すような**磁力線**（line of magnetic force）という仮想的な線を考える。

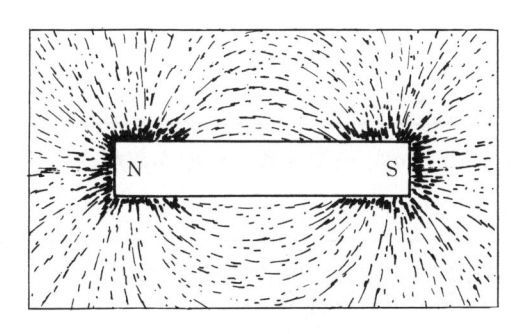

図 2.7 磁石のまわりの鉄粉の模様

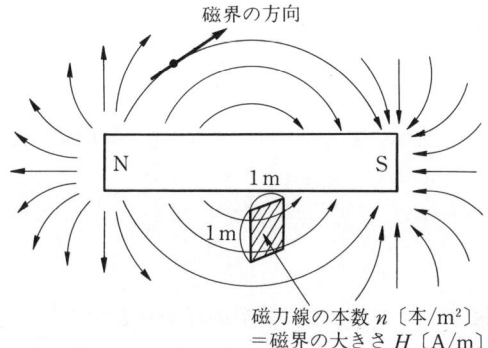

磁力線の本数 $n \ [\text{本}/\text{m}^2]$ = 磁界の大きさ $H \ [\text{A/m}]$　**図 2.8** 磁力線

磁力線には，次の性質がある。

1) 磁力線は N 極から出て S 極に入る。
2) 磁力線はゴムひものように縮まろうとし，同方向の磁力線同士は反発し

あい，逆方向の磁力線同士は引きあう。
3) 任意の点における磁力線の接線の向きが，その点での磁界の向きである。
4) 任意の点における磁力線の密度は，その点での磁界の大きさに等しい。すなわち，磁力線に垂直な単位面積（$1\,\mathrm{m}^2$）を貫く磁力線の本数 n〔本/m^2〕が，磁界の大きさ H〔A/m〕を表す。
5) 磁力線は互いに交わらない。

例題 2.1 ある磁界中に $2\times10^{-3}\,\mathrm{Wb}$ の点磁極を置いたとき，磁極は $8\times10^{-4}\,\mathrm{N}$ の力を受けた。磁界の大きさはいくらか。

【解答】 磁界の大きさ H は
$$H=\frac{F}{m}=\frac{8\times10^{-4}}{2\times10^{-3}}=0.4\,〔\mathrm{A/m}〕\qquad\diamondsuit$$

例題 2.2 磁力線に垂直な面積 A〔m^2〕を貫く磁力線の本数が N〔本〕のとき，磁界の大きさ H〔A/m〕はどのような式で表されるか。

【解答】 磁界の大きさは，単位面積を貫く磁力線の本数に等しいので
$$H=\frac{N}{A}\,〔\mathrm{A/m}〕\qquad\diamondsuit$$

問 **2.1** $5\,\mathrm{A/m}$ の磁界の中に $2\times10^{-3}\,\mathrm{Wb}$ の点磁極を置いたとき，磁極が受ける力の大きさはいくらか。

問 **2.2** $10\,\mathrm{cm}^2$ の面に垂直に 20 本の磁力線が貫いているとき，磁界の大きさはいくらか。

2.1.2 磁束と磁束密度

〔**1**〕 **磁束と磁束密度の強さ**　これまで，磁界の様子を表すのに，磁力線という仮想的な線を考えた。しかし，この磁力線は，磁界が生じる空間の物質の種類によりその本数が異なるという性質をもつ。図 **2.9**(a) に示すように，異なる種類の物質 1 と物質 2 を隣り合わせ磁石ではさむと，物質 1 と物質

(a) 磁力線　　　　　　　(b) 磁束

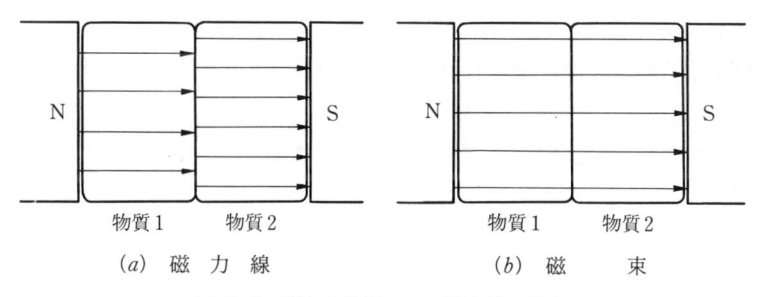

図2.9 異なる物質中での磁力線と磁束

2のそれぞれにおいて，異なる本数の磁力線が生じ，物質の境界で磁力線は不連続になってしまう．

そこで，物質が変わっても不連続にならないような線として，同図 (b) に示すような**磁束** (magnetic flux) を考える．磁束は記号 Φ（ファイと読む）で表し，単位には磁極と同じ**ウェーバ**を用いる．$+m$ [Wb] の磁極からは，常に m [Wb] の磁束が出る．

磁束に垂直な単位面積を貫く磁束を，**磁束密度** (magnetic flux density) といい，記号 B で表す．磁束密度の単位としては，**テスラ** (tesla，単位記号 T) または**ウェーバ毎平方メートル**（単位記号 Wb/m²）を用いる．したがって，**図2.10** のように，磁束に垂直な面積 A [m²] を磁束 Φ [Wb] が貫くとき，磁束密度 B [T] は，次の式で与えられる．

$$B = \frac{\Phi}{A} \text{ [T]} \tag{2.3}$$

ここで磁束 Φ と磁束密度 B の方向は等しい．なお，磁束密度の単位として，cgs単位系の**ガウス** (gauss，単位記号 G) が用いられることがある．ガ

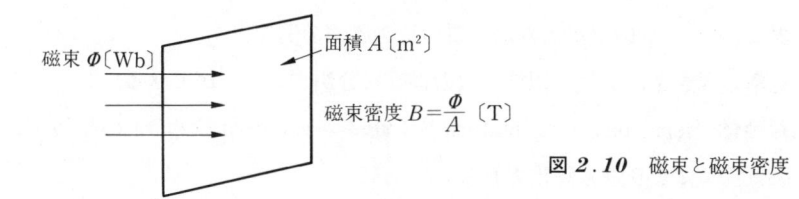

図2.10 磁束と磁束密度

40   2. 電 流 と 磁 気

ウスとテスラの間には，1 G = 10^{-4} T の関係がある。

例題 2.3 磁束密度が 100 T のとき，面積 20 cm² を垂直に貫く磁束はいくらか。

【解答】 式 (2.3) より磁束 $\varPhi$ は
$\varPhi = BA = 100 \times 20 \times 10^{-4} = 0.2$ 〔Wb〕   ◇

問 **2.3** 磁束 2×10^{-3} Wb が面積 50 cm² を垂直に貫いているとき，磁束密度はいくらか。

〔2〕 **磁束密度と磁界の強さ**   磁束密度 B 〔T〕と磁界 H 〔A/m〕の方向は等しく，両者の間には，次のような関係がある。

$$B = \mu H \qquad (2.4)$$

ここで，μ（ミューと読む）は物質により異なる定数で，**透磁率**（permeability）といい，単位に**ヘンリー毎メートル**（henry per meter, 単位記号 H/m）を用いる。透磁率は物質の磁力線の通りやすさを表すものである。特に，空間が真空の場合には，**真空の透磁率**（permeability of vacuum）μ_0 を用いる。μ_0 は次の値をもつ。

$$\mu_0 = 4\pi \times 10^{-7} \text{〔H/m〕} \qquad (2.5)$$

ある物質の透磁率を，真空の透磁率 μ_0 との比で表したものを，**比透磁率**（relative magnetic permeability）という。比透磁率は μ_r で表され，次の式で定義される。

$$\mu_r = \frac{\mu}{\mu_0} \qquad (2.6)$$

したがって，物質の透磁率は $\mu = \mu_0 \mu_r$ により表される。空気の透磁率は真空の透磁率とほぼ等しく，一般に空気の透磁率として真空の透磁率 μ_0 を用いる。**表 2.1** に，透磁率が大きい物質の比透磁率の例を示す。

透磁率の大きさにより，物質を次のように分類することができる。

強磁性体（ferromagnetic material）：鉄，ニッケルなど $\mu_r \gg 1$ の物質で，磁気誘導により強く磁化される。

表 2.1　透磁率が大きい物質の比透磁率

物　質	組　成	比透磁率 μ_r
純　鉄	不純物＜0.5％	200〜300
ケイ素鋼	鉄：96％，Si：4％	500
方向性ケイ素鋼	鉄：97％，Si：3％	1 500
パーマロイ	Ni：78.5％，鉄：21.5％	8 000
スーパーマロイ	Si：79％，Fe：15.7％，Mo：5％，Mn：0.3％	100 000

常磁性体（paramagnetic material）：アルミニウムなど $\mu_r>1$ の物質で，弱く磁化される。

反磁性体（diamagnetic material）：銅，マンガンなど $\mu_r<1$ の物質で，強磁性体や常磁性体とは反対の向きに弱く磁化される。

例題 2.4　比透磁率が $\mu_r=500$ の物質の透磁率 μ はいくらか。

【解答】　透磁率 μ は，真空の透磁率 μ_0 および比透磁率 μ_r を用いて
$$\mu=\mu_0\mu_r=4\pi\times10^{-7}\times500=2\pi\times10^{-4}=6.28\times10^{-4}\ [\text{H/m}]$$
◇

例題 2.5　真空中のある点での磁界の大きさが $200\,\text{A/m}$ のとき，その点での磁束密度はいくらか。

【解答】　この点での磁束密度 B は，$\mu=\mu_0$ より
$$B=\mu_0H=4\pi\times10^{-7}\times200=8\pi\times10^{-5}=2.51\times10^{-4}\ [\text{T}]$$
◇

問 2.4　真空中のある点での磁束密度が $6\times10^{-2}\,\text{T}$ のとき，この点での磁界の大きさはいくらか。また，比透磁率 1 000 の鉄の中でこれと同じ磁束密度のとき，磁界の大きさはいくらか。

2.1.3　電流が作る磁界

図 2.11 に示すように，導線のそばに磁針を置き導線に電流を流すと，磁針が振れる。磁針の位置を移動すると，磁針は場所により一定の方向を指し，さらに電流の方向を逆にすると，磁針の指す方向が逆向きになる。これより，電流のまわりには磁界が生じ，その方向は電流の流れる方向と関係があること

42   2. 電流と磁気

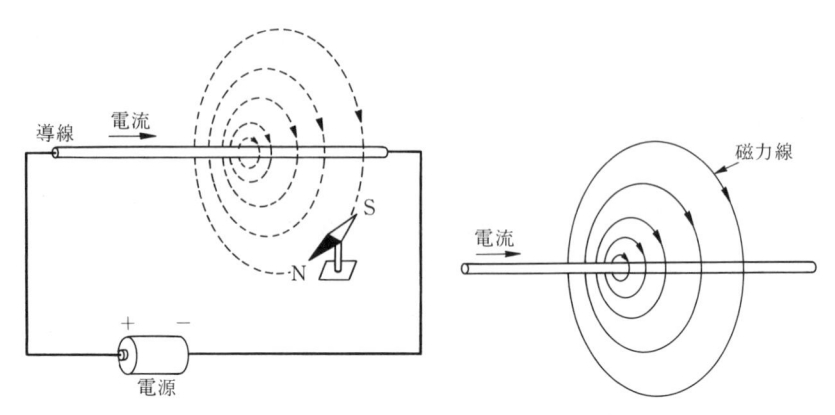

図2.11 直線状電流による磁界の実験   **図2.12** 直線電流が作る磁界

がわかる。

このような実験により，導線に流れる電流のまわりに生じる磁界を調べると，**図2.12**に示すような磁力線を描くことができる。磁力線は，電流を中心に同心円状に配列し，その間隔は電流から離れるにつれて大きくなる。

〔**1**〕 **電流が作る磁界の方向**　　**図2.12**からわかるように，電流が作る磁界の方向は，次のように表現することができる。「**電流の方向を右ねじの進む方向とすると，右ねじが回る向きに磁界が生じる**」。これを，**アンペアの右ねじの法則**（Ampere's right-handed screw rule）という。ここで，右ねじとは右に回すとしまるねじのことである。

いま，電流や磁界などの方向を示す方法として，紙面の裏から表に向かう方向を⊙，紙面の表から裏に向かう方向を⊗と約束する。これは，矢が飛んでいるとき，矢の正面から見た形が⊙，後ろから見た形が⊗のように見えると覚えておくとよい。

この表記方法を使って，直線電流のまわりに生じる磁界の磁力線を描くと，**図2.13**のようになる。

〔**2**〕 **電流が作る磁界の大きさ**　　電流が作る磁界の大きさを求める方法として，ビオ・サバールの法則とアンペアの周回路の法則とがある。

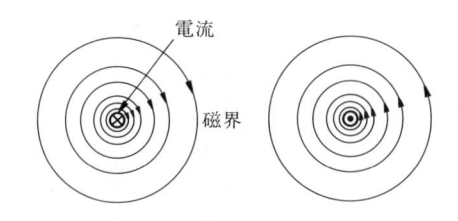

図 2.13　直線電流のまわりの磁力線

1) ビオ・サバールの法則　この法則は，電流が任意の場所に作る磁界の大きさを与え，磁界の計算の基礎となる法則である。図 2.14 のように導線に電流 I [A] が流れているとき，導線上の任意の点 O における微小長さ Δl [m] の部分に流れる電流によって，点 O から θ の方向に r [m] 離れた点 P に生じる磁界の大きさ ΔH [A/m] は，次の式で表される。

$$\Delta H = \frac{I \Delta l}{4\pi r^2} \sin\theta \; [\text{A/m}] \tag{2.7}$$

これは，フランスのビオ（Jean Baptiste Biot, 1774～1862）とサバール（Félix Savart, 1791～1841）により導かれ，**ビオ・サバールの法則**（Biot-Savart law）という[†]。ここで，磁界の方向はアンペアの右ねじの法則に従う。

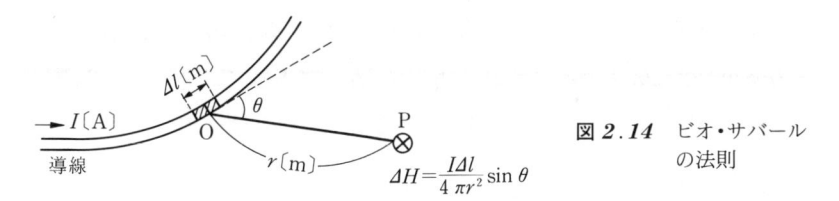

図 2.14　ビオ・サバールの法則

$$\Delta H = \frac{I \Delta l}{4\pi r^2} \sin\theta$$

電流全体が作る磁界の大きさは，ビオ・サバールの法則により微小長さ Δl [m] の部分に流れる電流が作る磁界 ΔH [A/m] を計算し，それを電流全体にわたって加え合わせることにより求めることができる。

次に，ビオ・サバールの法則を用いて，図 2.15 のように半径 r [m] の円

[†] 点 P の位置および電流を，それぞれベクトル $\vec{r}$, $\vec{I}$ で表すと，微小長さ Δl に流れる電流 $\vec{I}$ によって，点 P に生じる磁界の強さ $\Delta \vec{H}$ は，次の式で表される。

$$\Delta \vec{H} = \frac{\Delta l (\vec{I} \times \vec{r})}{4\pi r^3}$$

この式は，ビオ・サバールの法則のベクトル表示で，$\Delta \vec{H}$ の大きさと方向の両方を含んでいる。

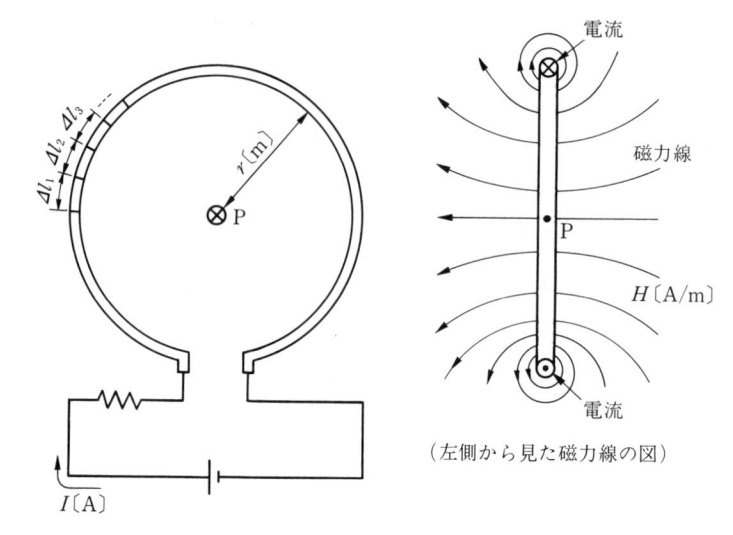

図 2.15 円形コイル中心の磁界

形コイルに電流 I 〔A〕が流れているときの，コイル中心点 P での磁界の大きさを求めてみる。

コイルを n 等分し，それぞれの微小長さを Δl_1, Δl_2, Δl_3, …, Δl_n とする。任意の微小長さ Δl_i の部分に流れる電流 I 〔A〕によって，コイル中心点 P に生じる磁界の大きさ ΔH_i は，$\theta = 90°$ であるので $\sin\theta = 1$ より

$$\Delta H_i = \frac{I\Delta l_i}{4\pi r^2}\sin 90° = \frac{I\Delta l_i}{4\pi r^2} \text{〔A/m〕}$$

となる。ΔH_i の方向は，すべての Δl_i について等しいので，点 P に生じる磁界の大きさ H〔A/m〕は，これらを加え合わせて，次のように計算できる。

$$\begin{aligned}
H &= \Delta H_1 + \Delta H_2 + \Delta H_3 + \cdots + \Delta H_n \\
&= \frac{I}{4\pi r^2}(\Delta l_1 + \Delta l_2 + \Delta l_3 + \cdots + \Delta l_n) \\
&= \frac{I}{4\pi r^2} \times 2\pi r = \frac{I}{2r} \text{〔A/m〕}
\end{aligned} \qquad (2.8)$$

ここで，磁界の向きは，図 **2.15** に示すようになる。

コイルの巻数が N の場合には，点 P での磁界の大きさは

$$H = \frac{NI}{2r} \text{ [A/m]} \tag{2.9}$$

となる。

例題 2.6 半径 5 cm, 巻数 30 の円形コイルに, 2 A の電流を流したとき, コイル中心点での磁界の大きさはいくらか。

【解答】 磁界の大きさ H は, 式 (2.9) より

$$H = \frac{NI}{2r} = \frac{30 \times 2}{2 \times 5 \times 10^{-2}} = 600 \text{ [A/m]} \qquad \diamondsuit$$

問 **2.5** 半径 10 cm, 巻数 20 のコイルに 5 A の電流を流した。コイル中心に生じる磁界の強さ（大きさと方向）を求めよ。

2) アンペアの周回路の法則 電流が作る磁界の大きさを求めるのに, 磁界の形によってはアンペアの周回路の法則が使える場合がある。この法則を用いることにより, 磁界の大きさを比較的簡単に計算することができる。

図 **2.16** のように電流 I_1, I_2, I_3 がある場合を考える。これらの電流のまわりには同心円状の磁界が生じるが, 磁界に沿って一回りした長さ l を n 等分し, 微小長さ Δl_1, Δl_2, Δl_3, $\cdots$, Δl_n の位置での磁界の大きさを H_1, H_2, H_3, $\cdots$, H_n とすると, 次のような関係が成り立つ。

$$H_1 \Delta l_1 + H_2 \Delta l_2 + H_3 \Delta l_3 + \cdots + H_n \Delta l_n = I_1 + (-I_2) + I_3$$

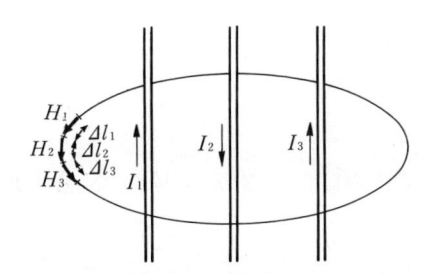

図 **2.16** アンペアの周回路の法則

アンペアの周回路の法則（Ampere's circuital law）とは,「電流の作る磁界に沿って一周の閉曲線を考えたとき, 磁界に沿った各部の長さとその位置での磁界の大きさとの積の和は, 閉曲線を貫く全電流に等しい」というものであ

る。ここで閉曲線とは、円などの端のない閉じた曲線のことである。これを式で表すと、次のようになる。

$$H_1 \Delta l_1 + H_2 \Delta l_2 + H_3 \Delta l_3 + \cdots + H_n \Delta l_n = I_1 + I_2 + \cdots + I_m$$

$$\therefore \sum_{i=1}^{n} H_i \Delta l_i = \sum_{j=1}^{m} I_j \tag{2.10}$$

磁界の方向はアンペアの右ねじの法則に従う。

次に、アンペアの周回路の法則を用いた磁界の計算例を示す。

(a) 無限長の直線電流による磁界 図 2.17 に示すように、無限に長い直線状の導線に電流 I〔A〕が流れているとき、電流から r〔m〕離れた点 P での磁界の大きさ H〔A/m〕を求める。

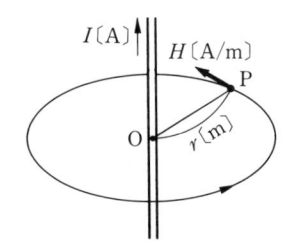

図 2.17 無限長の直線電流による磁界

電流のまわりには、アンペアの右ねじの法則より、図のような方向に同心円状に磁界が生じるので、電流から r〔m〕離れた磁界に沿って一周の閉曲線を考えると、この閉曲線上では磁界の大きさは一定である。また、この閉曲線を貫く電流は I〔A〕なので、式 (2.10) より

$$H_1 \Delta l_1 + H_2 \Delta l_2 + H_3 \Delta l_3 + \cdots + H_n \Delta l_n = I$$

$$\therefore \quad H(\Delta l_1 + \Delta l_2 + \Delta l_3 + \cdots + \Delta l_n) = I$$

となる。ここで、半径 r〔m〕の円の円周は $2\pi r$ なので、次の式が得られる。

$$H \times 2\pi r = I$$

したがって、無限に長い直線電流から r〔m〕離れた点での磁界の大きさは、以下のようになる。

$$H = \frac{I}{2\pi r} \text{〔A/m〕} \tag{2.11}$$

ここで，電流が有限の長さをもつ場合には，電流の端の影響により，アンペアの周回路の法則を用いて磁界の大きさを計算することはできない。しかし，実際には導線は有限の長さをもつので，導線の長さが半径に比べて十分に長い場合には，導線の端に近い部分を除いて無限長とみなして計算してよい。

例題 2.7 無限長の直線導線に，10 A の電流が流れているとき，導線から 50 cm 離れた点での磁界の大きさを求めよ。

【解答】 磁界の大きさ H は，式 (2.11) より

$$H = \frac{I}{2\pi r} = \frac{10}{2\pi \times 50 \times 10^{-2}} = \frac{10}{\pi} = 3.18 \text{ (A/m)} \qquad \diamondsuit$$

(b) 環状コイルによる磁界 図 2.18 のように，環状に巻いたコイルに電流を流すと，コイル内には図のような方向に磁界が生じる。ここで，点 O からコイル中心軸までの距離を r [m] とすると，コイル中心軸上での磁界の大きさは一定である。いま，電流を I [A]，コイル中心軸の長さを l [m]，コイルの巻数を N とすると，コイル中心軸での磁界の大きさ H [A/m] は，アンペアの周回路の法則より

$$Hl = NI, \quad \therefore \quad 2\pi r H = NI$$

となる。したがって，環状コイルが作る磁界の大きさは次のようになる。

$$H = \frac{NI}{2\pi r} \text{ [A/m]} \tag{2.12}$$

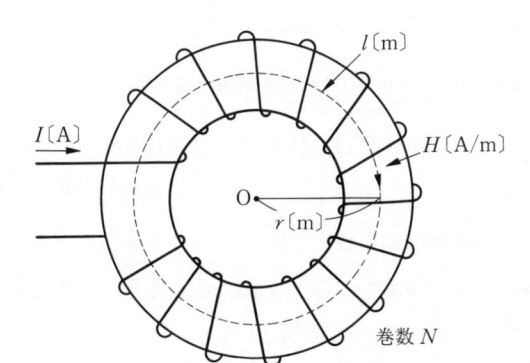

図 2.18 環状コイルの作る磁界

実際には，コイル内部の半径位置によって磁界の大きさが異なるが，r に比べてコイルの半径が十分に小さい場合には，コイル内部の磁界の大きさはどこも等しいとみなして計算してよい．

例題 2.8 図 2.18 の環状コイルにおいて，$r=20\,\mathrm{cm}$，巻数 50，電流 4A のとき，コイル内部の磁界の大きさを求めよ．

【解答】 磁界の大きさ H は，式 (2.12) より
$$H=\frac{NI}{2\pi r}=\frac{50\times 4}{2\pi\times 20\times 10^{-2}}=\frac{500}{\pi}=159\,\mathrm{[A/m]} \qquad \diamondsuit$$

(c) 無限長のソレノイドによる磁界 図 2.19 のように，導線をらせん状に巻いた円筒状のコイルを**ソレノイド**（solenoid）という．ソレノイドに電流を流したとき内部に生じる磁界は，アンペアの右ねじの法則より，図のように軸の方向を向いている．ここで，アンペアの周回路の法則を用いて，無限長ソレノイド内外の磁界の大きさを計算してみる．

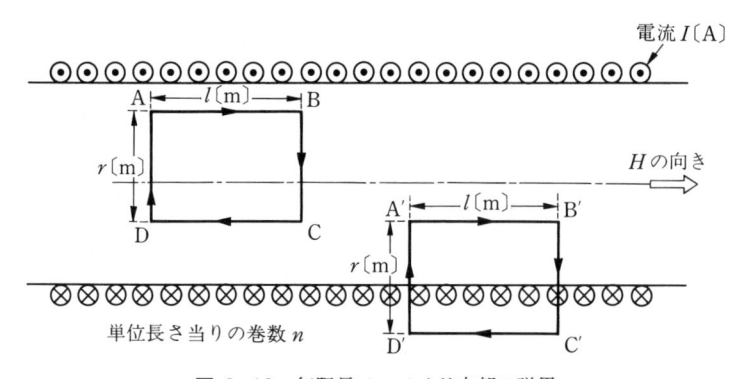

図 2.19 無限長ソレノイド内部の磁界

ソレノイド内部に図のように閉曲線 ABCD をとり，AB および CD を l [m]，BC および DA を r [m] とする．AB および CD 上の磁界の大きさを H_{AB}，H_{CD}，BC および DA 上の磁界の大きさを H_{BC}，H_{DA} とすると，ソレノイド内部の磁界は軸方向を向いているので，$H_{BC}=H_{DA}=0$ である．また，閉曲線を貫く電流は 0 なので，アンペアの周回路の法則より

$H_{AB}l - H_{CD}l = 0, \quad \therefore \quad H_{AB} = H_{CD}$

となる。

　したがって，ソレノイド内部の磁界の大きさはどこでも一定であることがわかる。このような磁界のことを，**平等磁界**（uniform magnetic field）という。同様に，ソレノイド外部の磁界の大きさはどこでも一定であり，無限遠でも同じ大きさということになるが，無限遠では磁界の大きさは 0 でなければならないので，ソレノイド外部の磁界の大きさは 0 である。

　次に，コイル内外を含むように閉曲線 A'B'C'D' をとり，A'B' および C'D' を l〔m〕，B'C' および D'A' を r〔m〕，内部の磁界を H とすると，外部の磁界は 0 なので，$H_{A'B'}=H$，$H_{C'D'}=0$，$H_{B'C'}=H_{D'A'}=0$ である。

　また，コイルに流れる電流を I〔A〕，単位長さ当りの巻数を n とすると，閉曲線を貫く電流は nlI〔A〕なので，アンペアの周回路の法則より

$$Hl = nlI$$

となる。これより，ソレノイド内部の磁界の大きさは次のようになる。

$$H = nI \ \text{〔A/m〕} \tag{2.13}$$

　実際のソレノイドは有限の長さをもつが，コイルの半径に比べて長さが十分長い場合には，コイルの端に近い部分を除いて無限長とみなして計算してよい。

例題 2.9　10 cm 当り 20 回巻いた無限に長いソレノイドに，1.5 A の電流を流したとき，ソレノイド内部に生じる磁界の大きさはいくらか。

【解答】　磁界の大きさ H は，式 (2.13) より

$$H = nI = \frac{20}{0.1} \times 1.5 = 300 \ \text{〔A/m〕} \qquad \diamondsuit$$

問 **2.6**　無限長の導線に電流 5 A が流れているとき，導線から 2 m 離れた点での磁界の大きさはいくらか。

問 **2.7**　図 **2.18** の環状コイルで，$r=5$ cm，コイルの巻数 60 回，コイルに流れる電流が 2 A のとき，コイル内部の磁界の大きさはいくらか。

問 **2.8**　無限に長いソレノイドに電流 20 A が流れているとき，ソレノイド内部

に生じる磁界の大きさを求めよ。ただし，コイルの巻数は 10 cm 当り 80 回とする。

コーヒーブレイク

単位に名を残した人物　　アンペール（Andre Marie Ampere, 1775〜1836）

フランスの物理学者，数学者。1775 年 1 月 20 日リヨンで裕福な商人の子として生まれた。若くして数学，物理，語学，哲学などの才能に恵まれ，特に数学に優れていた。

アンペールのさまざまな業績の中で最も有名なものは，電磁気学の研究である。1820 年，デンマークの物理学者エルステッドの，"導線に電流を流すとそのまわりに磁界が作られコンパスの磁針を動かす"という実験的発見の報告を聴いて直ちに実験を行い，2 本の導線を平行に置き同じ方向に電流を流すと導線は互いに引きあい，逆向きに電流を流すと互いに反発しあうことを発見した。1822 年，彼は電流を流した 2 本の導線の間に働く力を定式化した。つまり，"導線の間に働く力は，2 本の導線に流れる電流の積と導線の長さに比例し，導線間の距離の 2 乗に反比例する"というものである。また，らせん状に巻いた導線に電流を流すと，棒磁石と同じような働きをすることを示した。

電流の単位アンペア（A）は，彼の名前によるものである。

2.2　磁界中の電流に働く力

2.2.1　磁界中の電流に働く力の強さ

図 2.20 のように，磁石の N 極と S 極の間に，磁界に垂直に直線状の導体

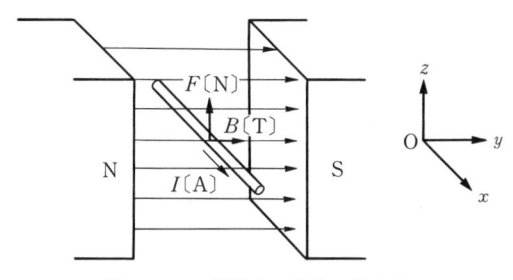

図 2.20　磁界中の電流に働く力

を置き電流を流すと，導体は磁界と電流のどちらにも垂直な上向きの方向に動く。このように，磁界の中を電流が流れると，電流は磁界から力を受ける。

〔**1**〕 **磁界中の電流に働く力の方向**　磁界中の電流に働く力の方向は，**フレミングの左手の法則**（Fleming's left-hand rule）により簡単に知ることができる。この法則は，イギリスのフレミング（J. A. Fleming, 1849～1945）により発見されたもので，図 **2.21** に示すように「**左手の親指，人差し指，中指をそれぞれ互いに直角に伸ばし，人差し指を磁界の方向，中指を電流の方向とすると，電流に働く力の向きは親指の方向となる**」というものである。

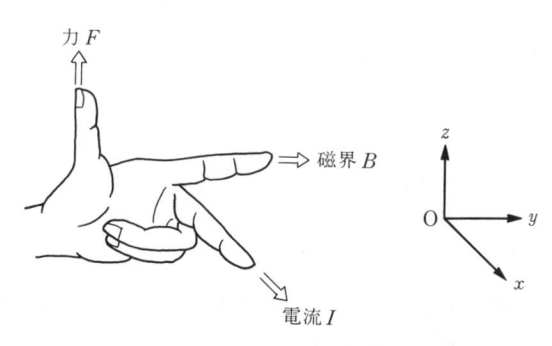

図 **2.21**　フレミングの左手の法則

〔**2**〕 **磁界中の電流に働く力の大きさ**　図 **2.22** (a) のように，磁束密度 B〔T〕の磁界の中に，磁界に垂直に長さ l〔m〕の導体を置き電流 I〔A〕

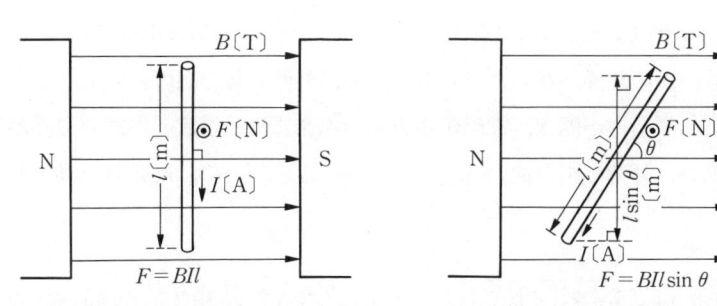

(a) 電流の向きが磁界の向きに垂直な場合　　$F=BIl$

(b) 電流の向きが磁界の向きに対して角度 θ の場合　　$F=BIl\sin\theta$

図 **2.22**　磁界中の電流に働く力の強さ

を流したとき，電流に働く力の大きさ F〔N〕は次の式で表される。

$$F = BIl \text{ 〔N〕} \tag{2.14}$$

一方，同図 (b) のように，導体が磁界に対して角度 θ で置かれている場合には，磁界に垂直な方向の長さ成分は $l \sin \theta$ なので，磁界中の電流に働く力の大きさは

$$F = BIl \sin \theta \text{ 〔N〕} \tag{2.15}$$

となる†。

例題 2.10 磁束密度 2 T の磁界中に，磁界に垂直に長さ 50 cm の導体を置き，3 A の電流を流したとき，電流（導体）に働く力の大きさを求めよ。

【解答】 電流に働く力の大きさ F は，式 (2.15) より
$F = BIl \sin 90° = BIl = 2 \times 3 \times 50 \times 10^{-2} = 3$ 〔N〕 ◇

問 **2.9** 磁束密度 0.5 T の磁界中に，磁界に垂直に長さ 10 cm の導体を置き，2 A の電流を流したとき，電流に働く力の大きさを求めよ。

問 **2.10** 磁束密度 0.04 T の磁界中に，長さ 5 cm の導体をそれぞれ次のような角度で置き，10 A の電流を流したとき，電流に働く力の大きさを求めよ。
(1) 30° (2) 45° (3) 60° (4) 90° (5) 120°

2.2.2 電流相互間に働く力

平行に置かれた 2 本の線状導体に電流を流すと，2 本の導体の間に吸引力または反発力が働く。これは，**図 2.23** に示すように，電流が同方向の場合には，電流の内側の磁界が互いに打ち消し合い，外側の磁力線の密度より小さくなるために，吸引力が働き，電流が逆方向の場合には，電流の内側の磁界が互いに強めあい，外側の磁力線の密度より大きくなるために，反発力が働くためである。

---

† 磁束密度および電流を，それぞれベクトル $\vec{B}$, $\vec{I}$ で表すと，磁界中の電流に働く力 $\vec{F}$ は次式で表される。
$$\vec{F} = l(\vec{I} \times \vec{B})$$
この式は，磁界中の電流に働く力のベクトル表示で，$\vec{F}$ の大きさと方向の両方を含んでいる。

2.2 磁界中の電流に働く力

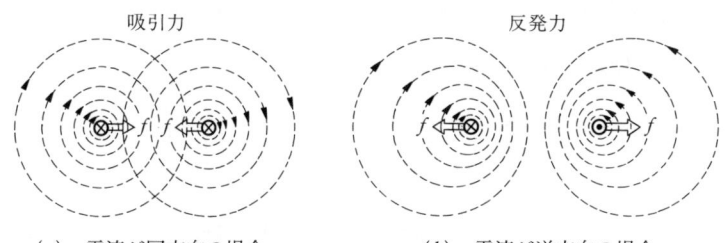

(a) 電流が同方向の場合　　　(b) 電流が逆方向の場合

図2.23 電流の向きと相互間に働く力の向き

ここで，図2.24のように，真空中または空気中に2本の無限長の線状導体をr〔m〕離して平行に置き，それぞれに電流I_1〔A〕，I_2〔A〕を同じ向きに流した場合を考える。電流I_1のまわりには，アンペアの右ねじの法則により図に示す方向に同心円状に磁界が生じる。電流I_1〔A〕の中心からr〔m〕離れた，電流I_2〔A〕の位置での磁界の大きさをH_1〔A/m〕とすると，その磁束密度B_1〔T〕は

$$B_1 = \mu_0 H_1 = \frac{\mu_0 I_1}{2\pi r} \text{〔T〕}$$

となる。このとき電流I_2〔A〕に働く力の大きさf_1〔N〕は，式(2.14)より単位長さ(1m)当り

$$f_1 = B_1 I_2 = \frac{\mu_0 I_1 I_2}{2\pi r} \text{〔N/m〕}$$

となる。

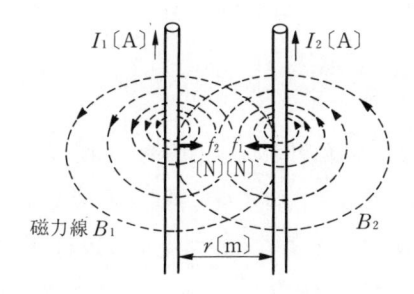

図2.24 直線導体相互間に働く力

同様に，電流 I_2〔A〕が作る磁束密度 B_2〔T〕の磁界 H_2〔A/m〕により電流 I_1〔A〕に働く力 f_2〔N〕は，単位長さ当り

$$f_2 = B_2 I_1 = \frac{\mu_0 I_1 I_2}{2\pi r} \text{〔N/m〕}$$

となる。

このように，$f_1 = f_2 = f$ であり，電流間に働く力 f〔N〕は，導体の単位長さ当り次のようになる。

$$f = \frac{\mu_0 I_1 I_2}{2\pi r} = 4\pi \times 10^{-7} \times \frac{I_1 I_2}{2\pi r} = \frac{2 I_1 I_2}{r} \times 10^{-7} \text{〔N/m〕} \quad (2.16)$$

電流 I_1〔A〕，I_2〔A〕の方向が逆向きの場合も，力の大きさは式 (2.16) で表される。ここで，フレミングの法則より，力 f は電流の向きが同じ場合は吸引力，逆の場合は反発力となることがわかる。

例題 2.11 無限に長い2本の線状導体を 0.2 m 離して平行に置き，それぞれ逆方向に 8 A の電流を流したとき，2本の導線の単位長さ当りに働く力の大きさを求めよ。また，この力は吸引力か反発力か答えよ。

【解答】 2本の導線に流れる電流の向きは逆なので，両者間には反発力が働く。導線間に働く力の大きさ f は，式 (2.16) より

$$f = \frac{2 I_1 I_2}{r} \times 10^{-7} = \frac{2 \times 8 \times 8}{0.2} \times 10^{-7} = 6.4 \times 10^{-5} \text{〔N/m〕} \qquad \diamondsuit$$

問 **2.11** 無限に長い2本の線状導体を 10 cm 離して平行に置き，それぞれに電流 5 A を流したとき，2本の導線の単位長さ当りに働く力の大きさを求めよ。

2.2.3 直流電動機の原理

図 **2.25** のように，磁石の N 極と S 極の間に，l〔m〕×d〔m〕の長方形のコイルを置いて電流 I〔A〕を流した場合に，コイルに働く力を考える。

N 極と S 極の間の磁束密度を B〔T〕とすると，コイルの辺 ab および cd には，フレミングの左手の法則および式 (2.14) より，矢印の方向に力 $F = BIl$ が働くが，辺 bc および da は磁界に平行なので，式 (2.15) において

2.2 磁界中の電流に働く力

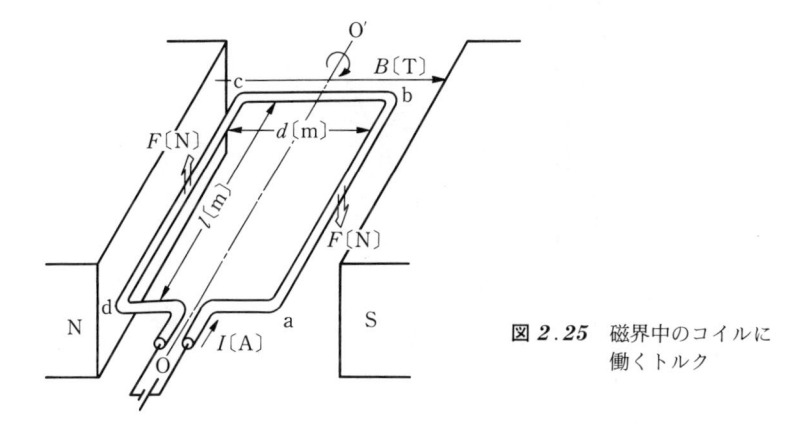

図 2.25 磁界中のコイルに働くトルク

$\sin\theta = \sin 0° = 0$ より力が働かない。したがって，コイルには軸 OO′ を中心とする回転力，すなわち**トルク**（torque）が働くことになる。トルクの記号には T，単位には**ニュートンメートル**（newton meter，単位記号 N・m）を用いる。

コイルに働くトルク T は，次の式で表される。

$$T = F \times \frac{d}{2} + F \times \frac{d}{2} = Fd = BIld \quad [\text{N·m}] \tag{2.17}$$

コイルの巻数が N の場合には，トルクは

$$T = NBIld \quad [\text{N·m}] \tag{2.18}$$

となる。

直流電動機（direct-current motor）は，このような原理を利用したものである。図 2.26 に示すように，コイルの端は絶縁された円筒状の導体 S_1，S_2 に接続され，いっしょに回転できるようになっている。この導体 S_1，S_2 を**整流子**（commutator）という。S_1，S_2 は，電源に接続されたブラシ B_1，B_2 と接触しており，ブラシを通して電流が流れるようになっている。

コイルは，図 2.27 (a) に示す方向に回転を始めるが，90° 回転すると同図 (b) のような状態になる。180° 回転するとコイルを切る磁束の方向が逆転するが，整流子 S_1，S_2 とブラシ B_1，B_2 の接触が逆になるので，結局，図 (c) のようにトルクの方向は変わらず，回転を続けることができる。

56   2. 電流と磁気

図 2.26 直流電動機の原理

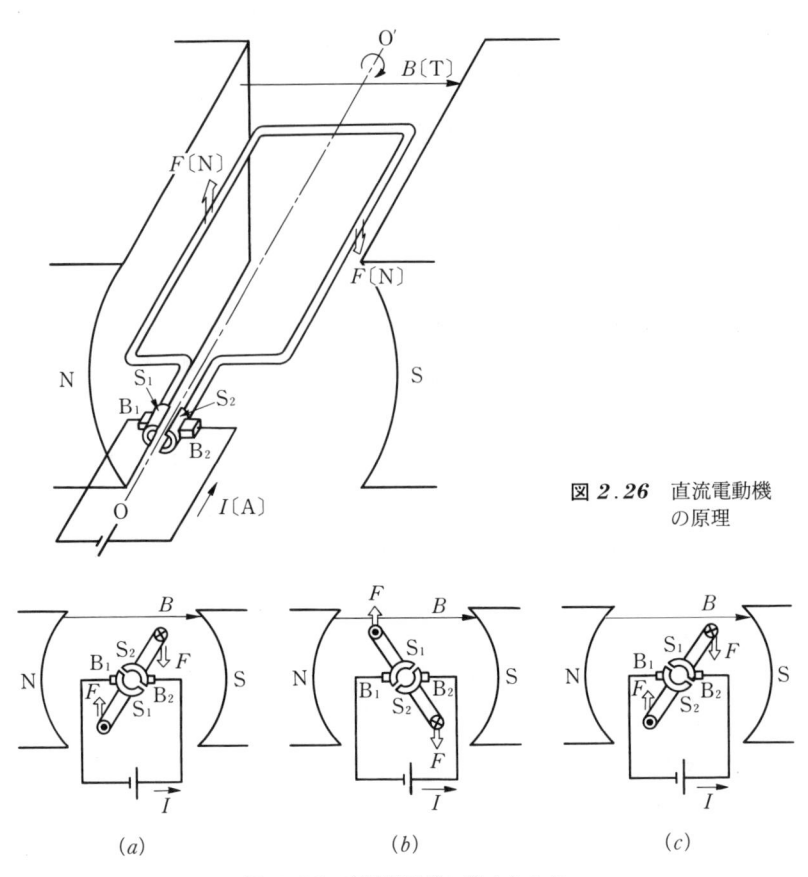

図 2.27 直流電動機に働くトルク

―――― コーヒーブレイク ――――

単位に名を残した人物　　**テスラ**（Nikola Tesla, 1856～1943）

　アメリカの物理学者。1856年7月9日クロアチアのセルビア正教会の司祭の子として生まれた。オーストリアのグラーツ工科大学で物理と数学を学び，プラハ大学で哲学を学んだ。1889年にはアメリカの市民権を得ている。
　テスラは，はじめは電話会社に技師として就職したが，1884年アメリカに渡り，一時エジソンの下で働いた。その後ウェスティングハウス社に入社し，送電の交流方式の導入に努力した。彼は学生時代より，直流電動機や発電機の保守経費が高いとい

う欠点に着目していた。1883年，コイルに交流電流を流すことにより，はじめての誘導電動機の製作に成功した。さらに，1887年には自分の研究所をつくり，交流電動機の実用化の研究開発を始め，数か月で交流電気の発電，送電等に関する特許が承認された。さらに，無線通信，レーダ等の実現にも貢献した。

SI単位系（MKS単位系）における磁束密度の単位テスラ（T）は，彼の名前によるものである。

2.3 磁気回路

2.3.1 磁気回路

図2.28に示すように，リング状の鉄心に導線を巻いて作った環状コイルに電流I〔A〕を流すと，鉄心中に磁束ϕ〔Wb〕が生じる。このように，磁束の通るみちを**磁気回路**（magnetic circuit）または**磁路**（magnetic path）という。

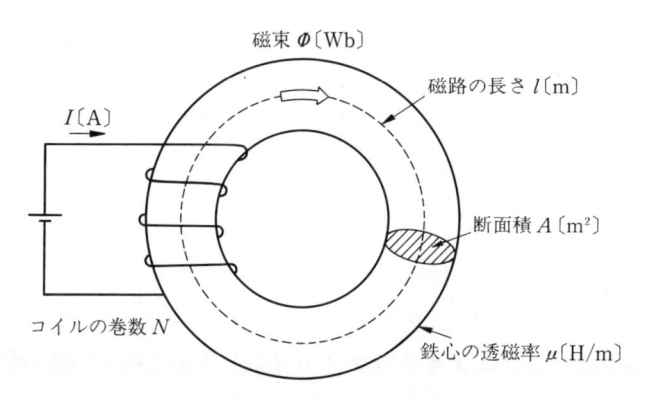

図2.28 磁気回路

いま，断面積A〔m²〕，磁路の長さl〔m〕，透磁率μ〔H/m〕の鉄心に，コイルがN回巻いてあるとすると，アンペアの周回路の法則より鉄心中の磁界の大きさは

$$Hl = NI, \quad \therefore \quad H = \frac{NI}{l} \text{〔A/m〕}$$

となる。これより磁束 Φ〔Wb〕は，磁束密度を B〔T〕とすると

$$\Phi = BA = \mu HA = \frac{\mu NIA}{l} = \frac{NI}{\frac{l}{\mu A}} = \frac{F_m}{R_m} \text{〔Wb〕} \quad (2.19)$$

となる。この式は，電気回路におけるオームの法則 $I=E/R$ に対応している。

ここで，F_m は電気回路の起電力に相当するもので，**起磁力**（magneto-motive force）といい，単位には**アンペア**（単位記号 A）が用いられる。起磁力は，磁束を生じる原動力となる磁気的な力で，次の式で表される。

$$F_m = NI \text{〔A〕} \quad (2.20)$$

また，R_m は電気抵抗に相当するもので，**磁気抵抗**（magnetic reluctance）といい，単位に**毎ヘンリー**（単位記号 H^{-1}）が用いられる。磁気抵抗は，次の式で表される。

$$R_m = \frac{l}{\mu A} \text{〔H}^{-1}\text{〕} \quad (2.21)$$

式 (2.19)，(2.21) より，磁束は磁路の長さが長いほど生じにくく，断面積が大きいほど生じやすいことがわかる。

表 2.2 に，磁気回路と電気回路の対応を示す。

表 2.2 磁気回路と電気回路の対応

磁気回路		電気回路	
起磁力	$F_m = NI$〔A〕	起電力	E〔V〕
磁束	ϕ〔Wb〕	電流	I〔A〕
磁気抵抗	$R_m = l/(\mu A)$〔H^{-1}〕	電気抵抗	$R = l/(\sigma A)$〔Ω〕
透磁率	μ〔H/m〕	導電率	σ〔S/m〕

図 2.29 のように，**エアギャップ**（air-gap）のある磁気回路の場合，磁気抵抗は，電気回路における抵抗の直列接続と同じように扱うことができる。したがって，鉄心の長さ，透磁率，磁気抵抗を，それぞれ l_1〔m〕，μ〔H/m〕，R_{m1}〔H^{-1}〕，エアギャップの長さ，透磁率，磁気抵抗を，それぞれ l_2〔m〕，μ_0〔H/m〕，R_{m2}〔H^{-1}〕とすると，磁束 Φ〔Wb〕は次の式で表される。

2.3 磁気回路

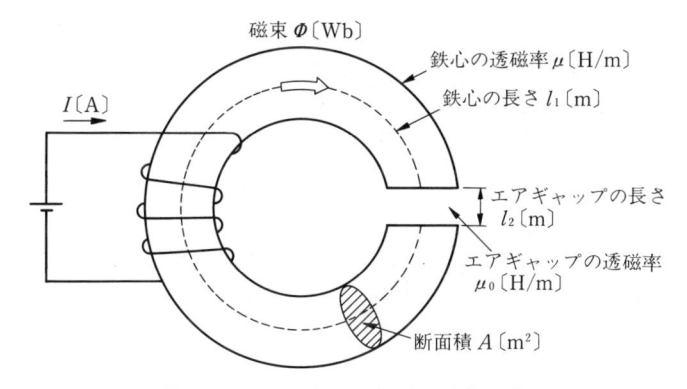

図2.29 エアギャップのある磁気回路

$$\Phi = \frac{NI}{\dfrac{l_1}{\mu A} + \dfrac{l_2}{\mu_0 A}} = \frac{F_m}{R_{m1} + R_{m2}} \ [\text{Wb}] \tag{2.22}$$

例題 2.12 鉄心の断面積 $4\,\text{cm}^2$,磁路の長さ $30\,\text{cm}$,コイルの巻数 150 の磁気回路に $5\,\text{A}$ の電流を流したときの,起磁力,磁気抵抗,磁束を求めよ。ここで,鉄心の比透磁率を $1\,000$,真空の透磁率を $4\pi \times 10^{-7}\,\text{H/m}$ とする。

【解答】 起磁力 $F_m\,[\text{A}]$,磁気抵抗 $R_m\,[\text{H}^{-1}]$,磁束 $\Phi\,[\text{Wb}]$ は,それぞれ次のようになる。

$$F_m = NI = 150 \times 5 = 750 \ [\text{A}]$$

$$R_m = \frac{l}{\mu A} = \frac{l}{\mu_0 \mu_r A} = \frac{30 \times 10^{-2}}{4\pi \times 10^{-7} \times 1\,000 \times 4 \times 10^{-4}} = \frac{3 \times 10^7}{16\pi} = 5.97 \times 10^5 \ [\text{H}^{-1}]$$

$$\Phi = \frac{F_m}{R_m} = \frac{750}{5.97 \times 10^5} = 1.26 \times 10^{-3} \ [\text{Wb}] \qquad \diamondsuit$$

例題 2.13 図 2.30 のような,エアギャップのある磁気回路がある。鉄心の磁路の長さ $80\,\text{cm}$,断面積 $5\,\text{cm}^2$,ギャップの長さ $0.1\,\text{cm}$,コイルの巻数 200 のとき,鉄心に $2 \times 10^{-4}\,\text{Wb}$ の磁束を生じさせるためには,コイルにどれだけの電流を流せばよいか。ここで,鉄心の比透磁率を $1\,000$ とする。

図2.30 の図: $\Phi = 2 \times 10^{-4}$ Wb, I [A], 巻数200, $l_1 = 80$ cm, $\mu_r = 1\,000$, $l_2 = 0.1$ cm, $\mu_0 = 4\pi \times 10^{-7}$ H/m, $A = 5$ cm^2

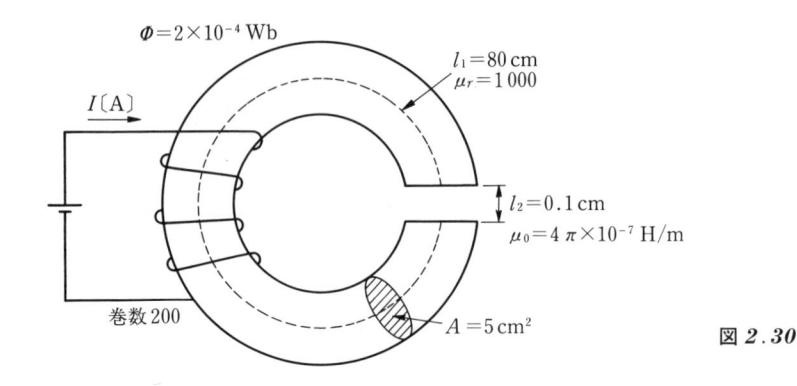

【解答】 鉄心の磁気抵抗を R_{m1} [H^{-1}]，エアギャップの磁気抵抗を R_{m2} [H^{-1}] とすると

$$R_{m1} = \frac{l_1}{\mu A} = \frac{l_1}{\mu_0 \mu_r A} = \frac{80 \times 10^{-2}}{4\pi \times 10^{-7} \times 1\,000 \times 5 \times 10^{-4}}$$

$$= \frac{4 \times 10^6}{\pi} = 1.27 \times 10^6 \text{ [H}^{-1}\text{]}$$

$$R_{m2} = \frac{l_2}{\mu_0 A} = \frac{0.1 \times 10^{-2}}{4\pi \times 10^{-7} \times 5 \times 10^{-4}} = \frac{10^7}{2\pi} = 1.59 \times 10^6 \text{ [H}^{-1}\text{]}$$

となる。これより全磁気抵抗は，R_{m1} と R_{m2} の直列接続と考えて

$$R_m = R_{m1} + R_{m2} = 1.27 \times 10^6 + 1.59 \times 10^6 = 2.86 \times 10^6 \text{ [H}^{-1}\text{]}$$

となる。したがって，必要な電流は次のように計算できる。

$$\Phi = \frac{F_m}{R_m} = \frac{NI}{R_m}$$

$$\therefore \quad I = \frac{R_m}{N}\Phi = \frac{2.86 \times 10^6}{200} \times 2 \times 10^{-4} = 2.86 \text{ [A]} \qquad \diamondsuit$$

問 2.12 磁路の長さ 50 cm，コイルの巻数 300 の磁気回路に，電流 10 A を流したとき，磁界の大きさはいくらか。

問 2.13 磁気抵抗 2×10^6 H^{-1}，コイルの巻数 800 の磁気回路に，電流 5 A を流した。起磁力および磁束を求めよ

問 2.14 鉄心の断面積 4 cm^2，磁路の長さ 1 m，コイルの巻数 2 000 の磁気回路に電流 50 A を流したときの，磁束密度および磁束を求めよ。ここで，鉄心の比透磁率を 500 とする。

2.3.2 磁化曲線

一般に，磁界 H〔A/m〕と磁束密度 B〔T〕の間には，$B=\mu H$ という関係がある。**図 2.31** (a) のように，空心の磁気回路に電流 I〔A〕を流した場合，$B=\mu_0 H$ より磁界の大きさと磁束密度は比例するので，電流 I〔A〕が増加して磁界の大きさ H が増加すると，磁束密度 B も増加する。同図 (b) は，磁界の大きさ H と磁束密度 B との関係を示したものである。このような曲線を，**BH 曲線**（B-H curve）または**磁化曲線**（magnetization curve）という。

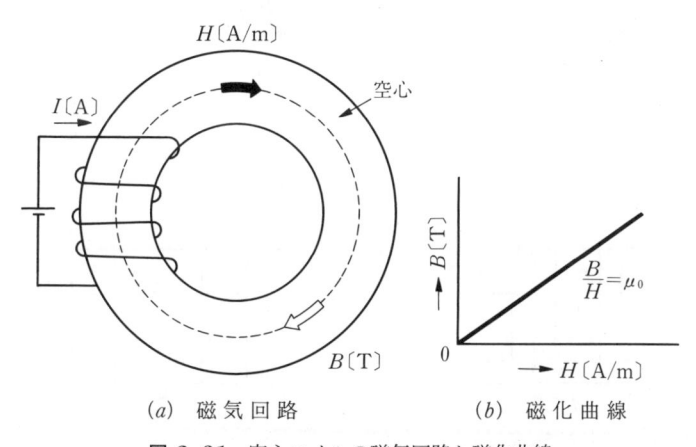

(a) 磁気回路 　　　　(b) 磁化曲線

図 2.31 空心コイルの磁気回路と磁化曲線

図 2.32 (a) のように，磁気回路が鉄心の場合には，磁化曲線は同図 (b) に示すようになる。磁束密度 B は磁界の大きさ H の増加とともに増加するが，しだいに B の増加はゆるやかになり，一定値に近づく。このように，B が一定の値に近づく現象を，**磁気飽和**（magnetic saturation）という。

鉄心で磁気飽和が起こる理由は，次のように考えられる。鉄は**図 2.33** (a) のように，**磁区**（magnetic domain）と呼ばれる小さな領域に分かれていて，磁区ごとに小さな磁石の向きがそろっているが，普通の状態では小さな磁石の向きがばらばらなので，全体としては磁石になっていない。鉄に外から磁界を加えると，磁界が強くなるにつれ，磁区の小さな磁石の向きがそろって，鉄は磁化されていく。そして，磁界がある大きさ以上になると，同図 (b) の

(a) 磁気回路　　　　　(b) 磁化曲線

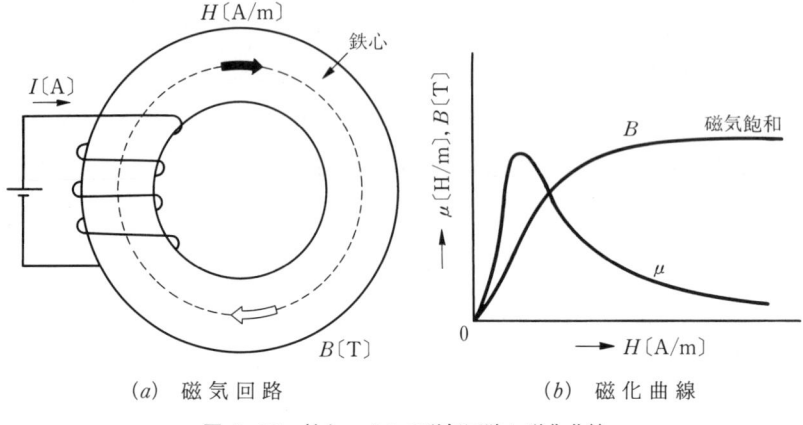

図 2.32　鉄心コイルの磁気回路と磁化曲線

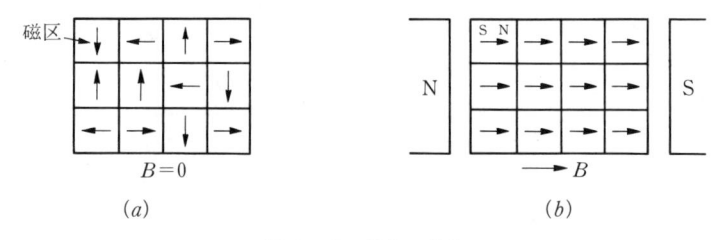

(a)　　　　　　　　　(b)

図 2.33　鉄心の磁化

ように磁石の向きがすべてそろい，それ以上磁界を強くしても磁化は進まなくなる。

H と B のこのような関係から，鉄心の透磁率 μ は一定ではないことがわかる。B/H より透磁率 μ を求め，H に対してどう変化するかを示したものを，**透磁率曲線** (permeability curve) という。図 2.32 (b) には，磁化曲線とあわせて透磁率曲線も示した。

2.3.3　磁気ヒステリシス

図 2.32 (a) の回路で，磁気回路に流す電流 I [A] を増加させたり，減少させたり，また，電流の方向を逆にしたりすることにより，H と B は特徴的

な変化をする。

図 **2.34** のように，磁界の大きさ H を 0 から H_m まで増加させると，磁束密度 B は 0 → a のように増加する。次に，H を H_m から 0 まで減少させると，B は a → b のように変化し，$H=0$ でも 0 にはならず，ある値 B_r が残る。この B_r のことを，**残留磁気**（residual magnetism）という。残留磁気の大きな材料は，永久磁石として用いられる。

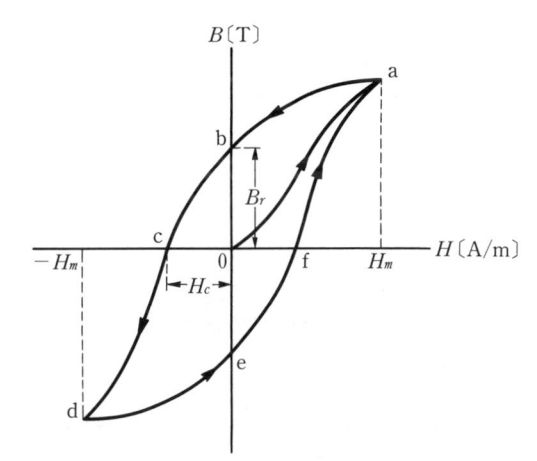

図 **2.34**　磁気ヒステリシス

さらに，H の方向を逆にして，0 から $-H_c$ まで逆方向に増加させると，B は b → c のように変化し，$H=-H_c$ で 0 になる。このときの H_c のことを，**保磁力**（coercive force）という。

続けて，H を $-H_c$ から $-H_m$ まで増加させると，B は c → d のように変化する。また，H を $-H_m$ から 0 まで減少させると，B は d → e のように変化する。さらに，H の方向を元に戻して 0 から H_m まで増加させると，B は e → f → a と変化し，点 a まで戻って閉曲線を描く。

このように，磁界 H の変化のみちすじによって，同じ磁界 H でも，磁束密度 B の値が異なる現象を，**磁気ヒステリシス**（magnetic hysteresis）という。また，磁化曲線の 0 → a の部分を**初期磁化曲線**（initial magnetization curve），a → b → c → d → e → f → a の閉曲線を，**ヒステリシスループ**（hysteresis loop）という。

64   2. 電流と磁気

磁界の大きさを変化させると，鉄心中に，ヒステリシスループの内部の面積に比例した熱が発生する。これは，電気エネルギーの立場からみると，損失と考えられ，**ヒステリシス損**（hysteresis loss）と呼ばれる。電動機や変圧器などでは，鉄心が用いられるので，このようなヒステリシス損が生じる。

───── コーヒーブレイク ─────

単位に名を残した人物　　ガウス（Karl Friedrich Gauss，1777〜1855）

ドイツの数学者，物理学者。1777年4月30日ブラウンシュヴァイクの貧しい家に生まれた。幼少のころより数学に異常な才能を示し，ブラウンシュヴァイク公の援助を受け，コレギウムカロリヌムおよびゲッティンゲン大学に進学した。その後，ゲッティンゲン天文台長となり，終生この職にあった。

ガウスの数学に関する業績は偉大で，整数論研究のような純粋数学のほかに，応用数学，数理物理学などの分野にも貢献している。例えば，最小2乗法を発見し，これを用いて惑星軌道の計算を行った。

また，すべての物理量が長さ，質量，時間の基本単位により表されることを示し，物理学の絶対単位系の確立に大きく貢献した。

cgs単位系における磁束密度の単位ガウス（G）は，彼の名前によるものである。

2.4　電磁誘導

2.4.1　電磁誘導現象

図 2.35（a）のように，検流計を接続したコイルに磁石を近づけると，近づけた瞬間にだけ検流計の指針が振れる。次に，同図（b）のように，磁石をコイルから遠ざけると，遠ざけた瞬間にだけ逆方向に検流計の針が振れる。磁石が静止しているときには，検流計は0を指している。

また，**図 2.36**（a）のように，二つのコイルA，Bがあるとき，コイルAに電流を流した瞬間にだけ，コイルBに接続した検流計の指針が振れる。さらに，同図（b）のように，コイルAの電流を切った瞬間にだけ，逆方向に検流計の針が振れる。コイルAに一定の電流を流し続けている間や，電流を切ったあとでは，検流計は0を指している。

(a) 磁石を近づける　　　　　　(b) 磁石を遠ざける

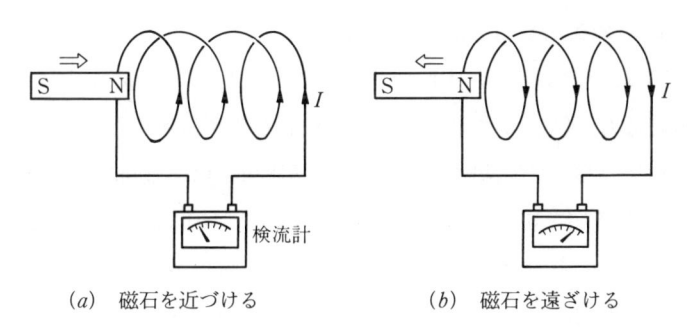

図 2.35　電磁誘導の実験 1

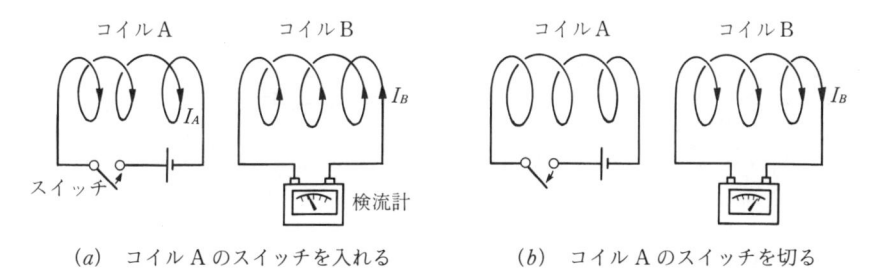

(a) コイル A のスイッチを入れる　　(b) コイル A のスイッチを切る

図 2.36　電磁誘導の実験 2

前者の場合には磁石がつくる磁界（磁束）が，後者の場合にはコイル A に流れる電流により生じる磁界（磁束）が変化するときに，コイルに電流が流れている。このような実験から，コイルを貫く磁束が時間変化すると，コイルに起電力が生じ，電流が流れることがわかる。このような現象を，**電磁誘導** (electromagnetic induction) といい，電磁誘導により生じる起電力を**誘導起電力** (induced electromotive force)，流れる電流を**誘導電流** (induced current) という。

2.4.2　誘導起電力の大きさと方向

〔*1*〕**コイルに生じる誘導起電力の方向**　　コイルに生じる誘導起電力の方向について，次の法則が成り立つ。「**誘導起電力は，それによって生じる誘導電流がつくる磁界が，コイルを貫く磁束の変化を妨げるような向きに生じる**」。

これを，**レンツの法則**（Lenz's law）という。

図2.37(a)のように，円形コイルに磁石を近づけた場合，図のような方向に誘導起電力e〔V〕が生じ，コイルに流れる誘導電流I〔A〕がつくる磁束は，アンペアの右ねじの法則より磁石による磁束とは逆方向，すなわちコイルを貫く磁束の増加を妨げる方向に生じる。また，(b)のように，磁石を遠ざけた場合，誘導起電力e〔V〕による誘導電流I〔A〕がつくる磁束は，磁石による磁束と同方向，すなわちコイルを貫く磁束の減少を妨げる方向に生じる。

(a) 磁石を近づけた場合　　　(b) 磁石を遠ざけた場合

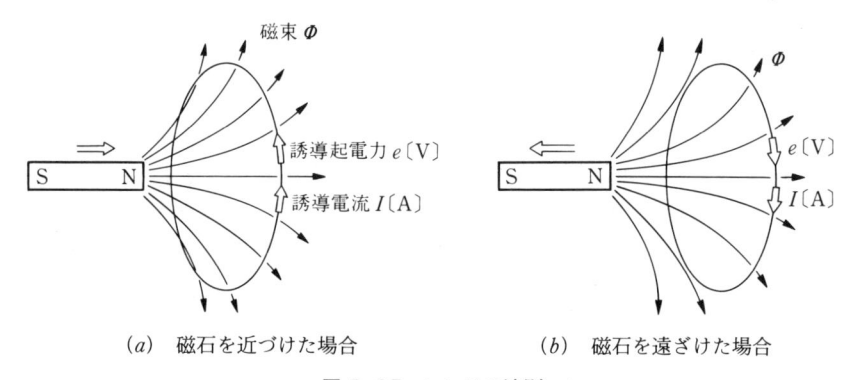

図2.37　レンツの法則

〔2〕**コイルに生じる誘導起電力の大きさ**　図2.35や図2.36の実験で，コイルの巻数を多くしたり，磁石を速く動かすと，検流計の指針は大きく振れる。このことから，「**誘導起電力の大きさは，コイルの巻数とコイルを貫く磁束の時間変化の積に比例する**」ことがわかる。これは，イギリスのファラデー（Michael Faraday, 1791～1867）により発見されたもので，**電磁誘導に関するファラデーの法則**という。

ファラデーの法則より，図2.38のように，巻数Nのコイルを貫く磁束Φ〔Wb〕が，時間Δt〔s〕の間に$\Delta\Phi$〔Wb〕変化したとすると，コイルに生じる誘導起電力e〔V〕は，次の式で表される。

$$e = -N\frac{\Delta\Phi}{\Delta t} \text{〔V〕} \tag{2.23}$$

ここで，磁束Φとの間に右ねじの法則が成り立つような方向に起電力の正の

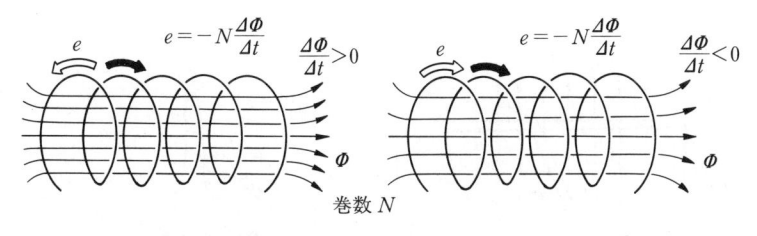

(a) 磁束 Φ が増加　　　　(b) 磁束 Φ が減少

図 2.38　コイルに生じる誘導起電力

向きをとると（→で示す），負の符号は，レンツの法則より誘導起電力が磁束の変化を妨げる方向に生じることを表す。

一般に，巻数 N のコイルを磁束 Φ 〔Wb〕が貫いているとき，N と Φ の積 $N\Phi$ 〔Wb〕を，**磁束鎖交数**（number of flux interlinkage）という。

例題 2.14　巻数 50 のコイルを貫く磁束が，2 秒間で 0 から 4×10^{-3} Wb になった。コイルに生じる誘導起電力 e を求めよ。また，このときの磁束鎖交数はいくらか。

【解答】　コイルに生じる誘導起電力 e の大きさは，式 (2.23) より

$$e = N\frac{\Delta\Phi}{\Delta t} = 50 \times \frac{4\times10^{-3} - 0}{2} = 0.1 \text{ 〔V〕}$$

また，このときの磁束鎖交数は

$$N\Phi = 50 \times 4\times10^{-3} = 0.2 \text{ 〔Wb〕}$$

◇

〔3〕**磁界中を運動する直線導体に生じる誘導起電力**　図 2.39 (a) のように，y 軸方向の磁束密度 B 〔T〕の平等磁界中に導体 a を置き，その上に z 軸方向に平行に直線導体 b を置き x 軸方向に速度 v 〔m/s〕で動かすと，導体 b に z 軸方向の起電力が生じる。これは，導体 a と導体 b からなるコイルが磁界の中に置いてあると考えると，導体 b が x 軸方向に動くということは，コイルを貫く磁束が増加するということなので，レンツの法則より，この磁束の増加を妨げる方向に誘導起電力が生じたと考えることができる。

このように，磁界中に置かれた導体が磁束を切るように動くと，誘導起電力

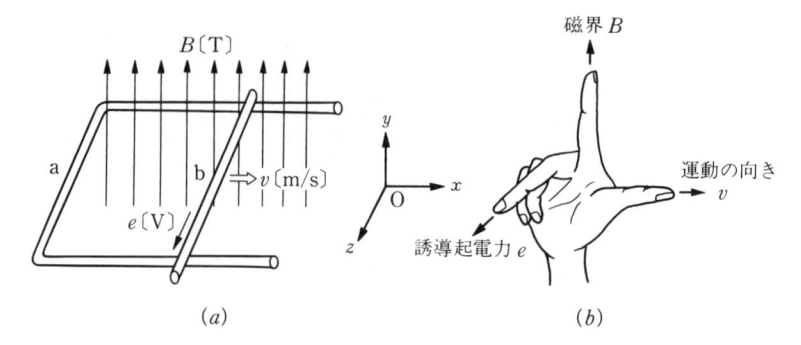

図 2.39 フレミングの右手の法則

が生じる。この起電力の方向は，次の法則により簡単に知ることができる。

図 2.39 (b) に示すように，「**右手の親指，人差し指，中指をそれぞれ互いに直角に伸ばし，人差し指を磁界の方向，親指を導体の運動の方向とすると，誘導起電力の向きは中指の方向となる**」。これを**フレミングの右手の法則**(Fleming's right-hand rule) という。

図 2.40 (a) のように，導体 b の長さを l [m]，運動の速度を v [m/s] とすると，時間 Δt [s] の間に導体は $v\Delta t$ [m] の距離を移動するので，この間の磁束の変化 $\Delta\Phi$ [Wb] は，$\Delta\Phi = BA = Blv\Delta t$ [Wb] となる。したがって，ファラデーの法則より，導体に生じる誘導起電力 e [V] の大きさは，次のようになる。

$$e = -\frac{\Delta\Phi}{\Delta t} = -\frac{Blv\Delta t}{\Delta t} = -Blv \quad [\text{V}] \tag{2.24}$$

図 2.40 (b) のように，直線導体が磁界に対して角度 θ の方向に運動した場合には，磁界に垂直な速度の成分は $v\sin\theta$ となるので，誘導起電力 e [V] の大きさは次式となる[†]。

[†] 磁束密度および導体の速度を，それぞれベクトル $\vec{B}$，$\vec{v}$ で表すと，誘導起電力 $\vec{e}$ は，次の式で表される。
$$\vec{e} = -l(\vec{B} \times \vec{v})$$
この式は，直線導体が磁界に対して運動するときに導体に生じる誘電起電力のベクトル表示で，$\vec{e}$ の大きさと方向の両方を含んでいる。

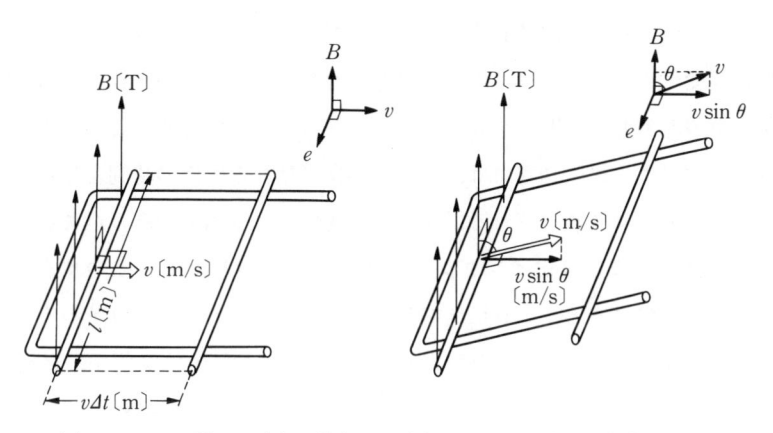

(a) v が B に対して垂直な場合　　(b) v が B に対して角度 θ の場合

図 2.40　直線導体に生じる誘導起電力

$$e = -Blv\sin\theta \,\text{[V]} \tag{2.25}$$

例題 2.15　磁束密度が $0.05\,\text{T}$ の磁界に垂直に長さ $10\,\text{cm}$ の導体を置き，これを磁界にも導体にも垂直な方向に速度 $30\,\text{m/s}$ で動かしたとき，導体に生じる誘導起電力を求めよ。

【解答】　誘導起電力 e の大きさは，式 (2.25) より
$$e = Blv\sin 90° = Blv = 0.05 \times 10 \times 10^{-2} \times 30 = 0.15\,\text{[V]} \qquad \diamond$$

問 **2.15**　巻数 200 のコイルを貫く磁束が，0.5 秒の間に $0.01\,\text{Wb}$ から $0.05\,\text{Wb}$ に増加するとき，コイルに生じる誘導起電力はいくらか。

問 **2.16**　磁束密度が $0.5\,\text{T}$ の平等磁界中に垂直に，長さ $10\,\text{cm}$ の直線導体を置き，これを速度 $100\,\text{m/s}$ で磁界と導体との両方に垂直に動かしたとき，導体に生じる誘導起電力はいくらか。

問 **2.17**　磁束密度が $0.2\,\text{T}$ の平等磁界中に垂直に，長さ $0.5\,\text{m}$ の直線導体を置き，これを磁界に対して $30°$ の方向に速度 $60\,\text{m/s}$ で動かしたとき，導体に生じる誘導起電力はいくらか。

2.4.3 インダクタンス

コイルに流れる電流が時間変化すると，電流のまわりにできる磁界の磁束密度も時間変化するので，コイルに誘導起電力が生じる。このとき，電流の時間変化と誘導起電力との関係を表すのがインダクタンスである。このような電流の時間変化による電磁誘導には，コイル自身に流れる電流の時間変化による自己誘導と，他のコイルに流れる電流の時間変化による相互誘導とがある。

〔1〕 **自己誘導と自己インダクタンス** 図 2.41 のように，コイルに流れる電流が変化すると，これに比例して磁束も変化するので，コイル内に磁束の変化を妨げる方向に誘導起電力が生じる。このような現象を，**自己誘導** (self induction) といい，このとき生じる起電力を，**自己誘導起電力**という。

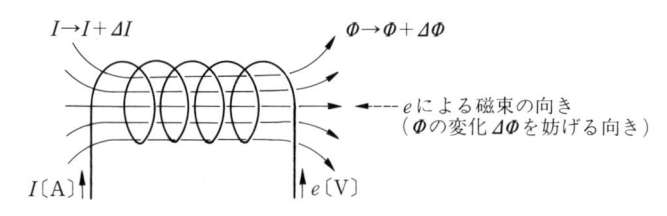

図 2.41 自己誘導 ($\Delta I, \Delta \Phi > 0$ の場合)

巻数 N のコイルにおいて，時間 Δt〔s〕の間に，コイルに流れる電流 I〔A〕が ΔI〔A〕だけ変化したとすると，磁束 Φ〔Wb〕も $\Delta \Phi$〔Wb〕だけ変化する。このとき，電流の変化 ΔI と磁束の変化 $\Delta \Phi$ は比例するので，コイルに生じる自己誘導起電力 e〔V〕は，次式で表される。

$$e = -N\frac{\Delta \Phi}{\Delta t} = -L\frac{\Delta I}{\Delta t} \text{〔V〕} \tag{2.26}$$

ここで，L を**自己インダクタンス** (self inductance) といい，単位には**ヘンリー** (henry，単位記号 H) を用いる。

例題 2.16 自己インダクタンスが $0.5\,\mathrm{H}$ のコイルに流れる電流が，1秒間に4A変化した。コイルに生じる誘導起電力はいくらか。

【解答】 式 (2.26) で，$L = 0.5\,\mathrm{H}$，$\Delta t = 1\,\mathrm{s}$，$\Delta I = 4\,\mathrm{A}$ より，誘導起電力の大き

さは，以下のようになる．

$$e = L\frac{\Delta I}{\Delta t} = 0.5 \times \frac{4}{1} = 2 \text{ (V)}$$ ◇

自己インダクタンス L [H] は，式 (2.26) より

$$L = N\frac{\Delta \Phi}{\Delta I} \text{ (H)}$$

と表されるが，I と Φ は比例しているので $\Delta \Phi / \Delta I = \Phi / I$ が成り立ち，L [H] は

$$L = \frac{N\Phi}{I} \text{ (H)} \tag{2.27}$$

となる．以下に自己インダクタンスの例を示す．

1) ソレノイドの自己インダクタンス 図 2.42 (a) のように，真空または空気中に置かれた半径 r [m]，長さ l [m]，巻数 N の無限に長いソレノイドに電流 I [A] を流したとき，ソレノイド内部の磁界の大きさは，式 (2.13) より $H = nI = (N/l)I$ [A/m] なので，コイルの断面積を A [m²] とすると，コイル内部の磁束 Φ [Wb] は

$$\Phi = BA = \mu_0 HA = \frac{\mu_0 NIA}{l} = \frac{\mu_0 NI\pi r^2}{l} \text{ (Wb)}$$

となる．したがって，自己インダクタンスは，式 (2.27) より

$$L = \frac{N\Phi}{I} = \frac{\mu_0 N^2 \pi r^2}{l} \text{ (H)} \tag{2.28}$$

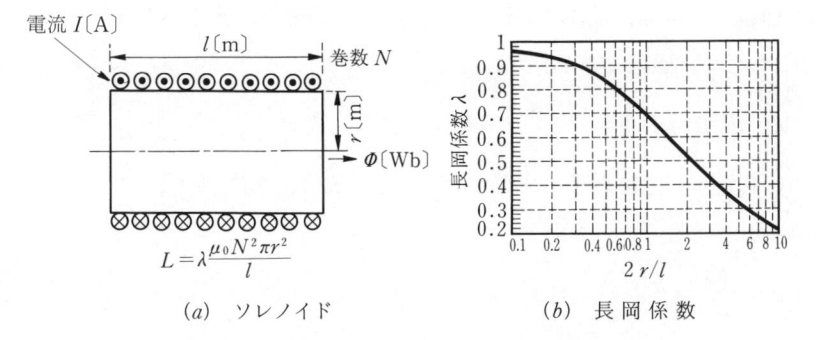

(a) ソレノイド   (b) 長岡係数

図 2.42 ソレノイドと長岡係数

となる。

式 (2.28) は，コイルが無限に長い場合に成り立つ。しかし，実際の有限長のソレノイドでは，補正が必要となり，インダクタンスは次のように表される。

$$L = \lambda \frac{\mu_0 N^2 \pi r^2}{l} \text{ 〔H〕} \tag{2.29}$$

ここで，λ（ラムダと読む）を**長岡係数**（Nagaoka coefficient）という。長岡係数は，コイルの直径 $2r$〔m〕と長さ l〔m〕との比により決まる。**図 2.42** (b) に，$2r/l$ に対する長岡係数の値を示す。

例題 2.17 半径 12 cm，長さ 40 cm，巻数 100，透磁率 μ_0 のソレノイドの自己インダクタンス L はいくらか。

【解答】 コイルの半径 $r = 0.12$ m，コイルの長さ $l = 0.4$ m より，$2r/l = 0.6$ であり，このとき**図 2.42** (b) より，$\lambda = 0.8$ である。したがって，巻数 $N = 100$，透磁率 $\mu_0 = 4\pi \times 10^{-7}$ H/m のソレノイドのインダクタンス L は，以下のように計算できる。

$$L = \lambda \frac{\mu_0 N^2 \pi r^2}{l} = 0.8 \times \frac{4\pi \times 10^{-7} \times 100^2 \times \pi \times 0.12^2}{0.4}$$
$$= 1.152 \pi^2 \times 10^{-4} = 1.14 \times 10^{-3} \text{ 〔H〕} = 1.14 \text{ 〔mH〕} \qquad \diamondsuit$$

2) 環状コイルの自己インダクタンス **図 2.43** のように，断面積 A〔m²〕，磁路の長さ l〔m〕，透磁率 μ〔H/m〕の環状の鉄心にコイルが N 回巻かれた環状コイルに，電流 I〔A〕を流したときの磁界の大きさは $H = NI/l$〔A/m〕なので，磁束 Φ〔Wb〕は

$$\Phi = BA = \mu HA = \frac{\mu NIA}{l} \text{ 〔Wb〕}$$

となる。したがって，自己インダクタンスは，式 (2.27) より，次のように表される。

$$L = \frac{N\Phi}{I} = \frac{\mu N^2 A}{l} \text{ 〔H〕} \tag{2.30}$$

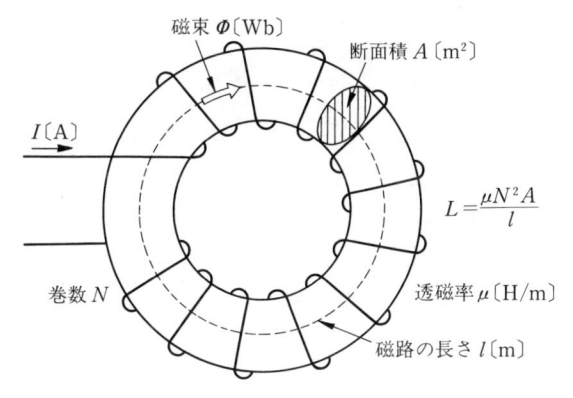

図 2.43 環状コイルの自己インダクタンス

例題 2.18 断面積 15 cm², 磁路の長さ 0.5 m, 比透磁率 500 の環状の鉄心に, コイルが 250 回巻かれた環状コイルの自己インダクタンスはいくらか.

【解答】 コイルの自己インダクタンス L は

$$L = \frac{\mu N^2 A}{l} = \frac{\mu_0 \mu_r N^2 A}{l} = \frac{4\pi \times 10^{-7} \times 500 \times 250^2 \times 15 \times 10^{-4}}{0.5}$$
$$= 3.75 \times 10^{-2} \pi = 0.118 \,[\mathrm{H}] = 118 \,[\mathrm{mH}] \qquad \diamondsuit$$

問 **2.18** 自己インダクタンスが 2 mH のコイルに流れる電流が, 0.1 s の間に 5 A 変化した. コイルに生じる誘導起電力はいくらか.

問 **2.19** コイルに流れる電流が 2 ms の間に 5 A 変化したとき, コイルに 10 V の誘導起電力が生じた. 自己インダクタンス L はいくらか.

問 **2.20** 断面積 4 cm², 磁路の長さ 20 cm, 比透磁率 1 000 の環状の鉄心にコイルが 500 回巻かれた環状コイルの自己インダクタンス L はいくらか.

〔2〕 **相互誘導と相互インダクタンス** 図 2.44 のように, 環状の鉄心に二つのコイル A, B が巻かれている場合を考える. スイッチ S を閉じてコイル A に電流 I〔A〕を流し, これを変化させると, 磁束の変化によりコイル A に誘導起電力 e_1〔V〕が生じる. このとき, コイル B を貫く磁束も変化するので, コイル B にも誘導起電力 e_2〔V〕が生じる.

このように, 一方のコイルに流れる電流の変化により, 他方のコイルに誘導

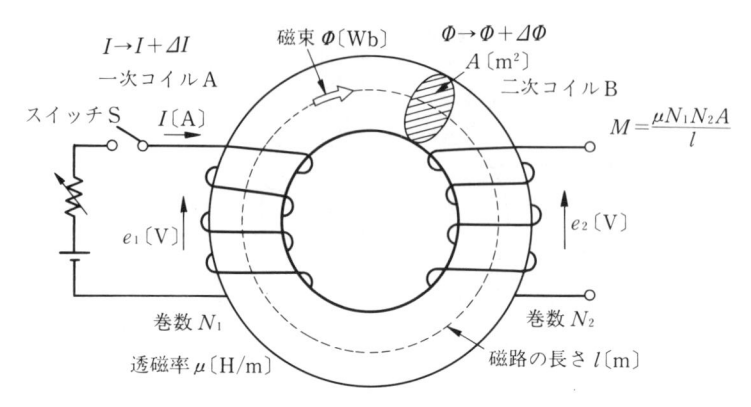

図 2.44 相互誘導 (ΔI, $\Delta \Phi > 0$ の場合)

起電力が生じる現象を，**相互誘導** (mutual induction) といい，このとき生じる起電力を，**相互誘導起電力**という。また，コイル A のように電源に接続された方のコイルを**一次コイル** (primary coil)，コイル B のように相互誘導起電力が生じる方のコイルを**二次コイル** (secondary coil) という。

いま，一次コイルの巻数が N_1，二次コイルの巻数が N_2 の場合を考える。時間 Δt [s] の間に，一次コイルに流れる電流が ΔI [A] だけ変化し，二次コイルを貫く磁束が $\Delta \Phi$ [Wb] だけ変化したとすると，二次コイルに生じる相互誘導起電力 e_2 [V] は，次式で表される。

$$e_2 = -N_2 \frac{\Delta \Phi}{\Delta t} = -M \frac{\Delta I}{\Delta t} \text{ [V]} \tag{2.31}$$

ここで，M を**相互インダクタンス** (mutual inductance) といい，単位には自己インダクタンスと同様に，**ヘンリー** (H) を用いる。

相互インダクタンス M [H] は，式 (2.31) より，次の式で表される。

$$M = \frac{N_2 \Phi}{I} \text{ [H]} \tag{2.32}$$

図 2.44 のような環状コイルの場合，コイル A に電流 I [A] を流したときの磁界の大きさは，$H = N_1 I / l$ [A/m] なので，磁束 Φ [Wb] は

$$\Phi = BA = \mu HA = \frac{\mu N_1 I A}{l} \text{ [Wb]}$$

となる。したがって、相互インダクタンス M〔H〕は、式（2.32）より次のようになる。

$$M = \frac{N_2 \Phi}{I} = \frac{\mu N_1 N_2 A}{l} \ \text{〔H〕} \tag{2.33}$$

例題 2.19 図 2.44 の環状コイルで、鉄心の断面積 $8\,\text{cm}^2$、磁路の長さ 40 cm、比透磁率 600、コイル A の巻数 200、コイル B の巻数 300 のとき、相互インダクタンスはいくらか。また、このコイルに流れる電流が、0.5 秒間で 0 から 10 A に増加したとき、コイルに生じる誘導起電力はいくらか。

【解答】 相互インダクタンス M は、式（2.33）より

$$M = \frac{\mu N_1 N_2 A}{l} = \frac{\mu_0 \mu_r N_1 N_2 A}{l} = \frac{4\pi \times 10^{-7} \times 600 \times 200 \times 300 \times 8 \times 10^{-4}}{40 \times 10^{-2}}$$
$$= 2.88 \times 10^{-2} \pi = 9.05 \times 10^{-2} \ \text{〔H〕} = 90.5 \ \text{〔mH〕}$$

また、コイルに生じる誘導起電力の大きさ e は、式（2.31）より

$$e = M \frac{\Delta I}{\Delta t} = 9.05 \times 10^{-2} \times \frac{10-0}{0.5} = 1.81 \ \text{〔V〕} \qquad \diamond$$

問 2.21 図 2.44 の環状コイルで、相互インダクタンスが 0.5 H のとき、コイル A に流れる電流が 1 ms の間に 10 A 変化した。コイル B に生じる誘導起電力はいくらか。

問 2.22 図 2.44 の環状コイルで、コイル A に流れる電流が、0.1 s の間に 2 A 変化したとき、コイル B に 5 V の誘導起電力が生じた。相互インダクタンス M はいくらか。

問 2.23 図 2.44 の環状コイルで、鉄心の断面積 $10\,\text{cm}^2$、磁路の長さ 50 cm、比透磁率 1 000、コイル A の巻数 500、コイル B の巻数 400 のとき、相互インダクタンス M はいくらか。

〔3〕 自己インダクタンスと相互インダクタンスの関係 図 2.45 において、自己インダクタンス L_1〔H〕のコイル A に電流 I_1〔A〕を流したとき、磁束 Φ_1〔Wb〕が生じたとすると、L_1〔H〕、M〔H〕はそれぞれ

$$L_1 = \frac{N_1 \Phi_1}{I_1} \ \text{〔H〕}, \quad M = \frac{N_2 \Phi_1}{I_1} \ \text{〔H〕} \tag{2.34}$$

となる。

図 2.45 結合係数

また,自己インダクタンス L_2〔H〕のコイル B に電流 I_2〔A〕を流したとき,磁束 Φ_2〔Wb〕が生じたとすると,L_2〔H〕,M〔H〕はそれぞれ

$$L_2 = \frac{N_2 \Phi_2}{I_2} \text{〔H〕}, \quad M = \frac{N_1 \Phi_2}{I_2} \text{〔H〕} \tag{2.35}$$

となる。

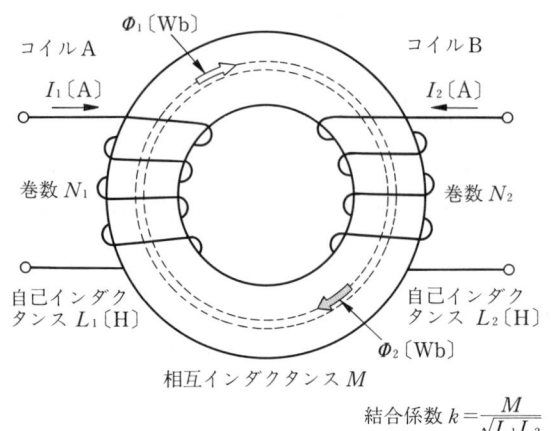

これらより,次の関係が得られる。

$$L_1 L_2 = \frac{N_1 \Phi_1 N_2 \Phi_2}{I_1 I_2} = M^2, \quad \therefore \quad M = \sqrt{L_1 L_2} \tag{2.36}$$

実際には,漏れ磁束があるので,M は式 (2.36) の値より小さくなり

$$M = k\sqrt{L_1 L_2} \tag{2.37}$$

と表される。ここで,k は **結合係数** (coupling coefficient) といい,$0 < k \leqq 1$ の値をもつ。

問 **2.24** 図 2.45 において,コイル A の自己インダクタンス $L_1 = 100\,\text{mH}$,コイル B の自己インダクタンス $L_2 = 400\,\text{mH}$,結合係数 $k = 0.5$ のとき,相互インダクタンス M はいくらか。

〔4〕 **コイルの接続**　図 2.46 のように,巻数が N_1,N_2,自己インダクタンスが L_1〔H〕,L_2〔H〕,相互インダクタンスが M〔H〕の二つのコイルを

直列に接続した場合の，合成インダクタンスを求めてみる。

図 2.46 (a) のように二つのコイルを接続し電流 I〔A〕を流すと，一次コイル A と二次コイル B がつくる磁束 Φ_1〔Wb〕，Φ_2〔Wb〕は同方向となる。

$$L = L_1 + L_2 + 2M$$

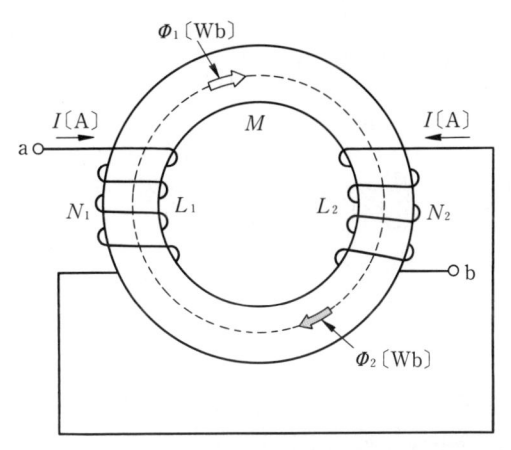

(a) 和動接続

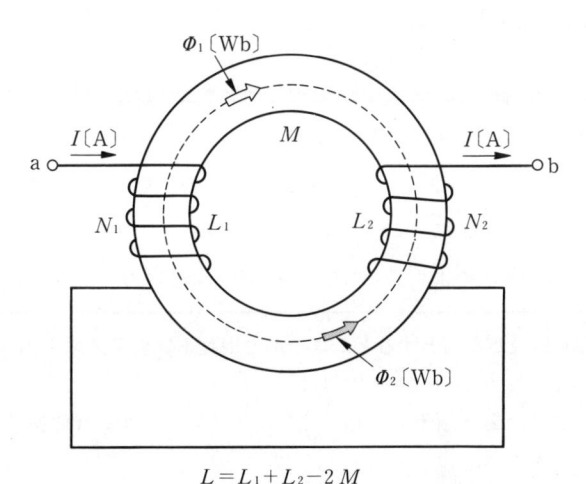

$$L = L_1 + L_2 - 2M$$

(b) 差動接続

図 2.46　インダクタンスの接続

このようなコイルの接続を，**和動接続**（cumulative connection）という。漏れ磁束がないとすると，コイルを貫く磁束鎖交数は，それぞれ $N_1(\Phi_1+\Phi_2)$ [Wb]，$N_2(\Phi_1+\Phi_2)$ [Wb] となり，端子 a，b からみた合成インダクタンス L [H] は

$$L=\frac{N_1(\Phi_1+\Phi_2)}{I}+\frac{N_2(\Phi_1+\Phi_2)}{I} \text{ [H]} \tag{2.38}$$

となる。ここで

$$L_1=\frac{N_1\Phi_1}{I},\ L_2=\frac{N_2\Phi_2}{I},\ M=\frac{N_1\Phi_2}{I}=\frac{N_2\Phi_1}{I}$$

より，L [H] は次のようになる。

$$L=L_1+L_2+2M \text{ [H]} \tag{2.39}$$

図 2.46 (b) のように二つのコイルを接続した場合は，一次コイル A と二次コイル B がつくる磁束 Φ_1 [Wb]，Φ_2 [Wb] は逆方向となり，このようなコイルの接続を，**差動接続**（differential connection）という。和動接続の場合と同様に計算すると，端子 a，b からみた合成インダクタンス L [H] は

$$L=L_1+L_2-2M \text{ [H]} \tag{2.40}$$

となる。

例題 2.20 $N_1=50$，$L_1=100\,\text{mH}$ のコイルと，$N_2=200$，$L_2=400\,\text{mH}$ のコイルを，**図 2.46** (a) のように接続した場合の，端子 a，b からみた合成インダクタンス L を求めよ。また，同図 (b) のように接続した場合の，合成インダクタンス L' を求めよ。ここで，漏れ磁束はないものとする。

【**解答**】 漏れ磁束がないとすると，コイルの相互インダクタンス M は

$$M=\sqrt{L_1L_2}=\sqrt{0.1\times0.4}=0.2 \text{ [H]}$$

となる。これより，**図 2.46** (a) のように，二つのコイルを和動接続した場合の合成インダクタンス L は

$$L=L_1+L_2+2M=0.1+0.4+2\times0.2=0.9 \text{ [H]}=900 \text{ [mH]}$$

また，同図 (b) のように，二つのコイルを差動接続した場合の合成インダクタンス L' は

$$L'=L_1+L_2-2M=0.1+0.4-2\times0.2=0.1 \text{ [H]}=100 \text{ [mH]} \qquad \diamondsuit$$

2.4.4 変圧器の原理

変圧器または**トランス**（transformer）は，相互誘導作用を利用して交流電圧の大きさを変える装置である。交流電圧とは，4章で詳しく説明するが，時間の変化とともにその大きさが変化する電圧のことである。**図 2.47** は変圧器の原理を示したもので，鉄心に，交流電源を接続した一次コイルと，負荷を接続した二次コイルを巻いてある。

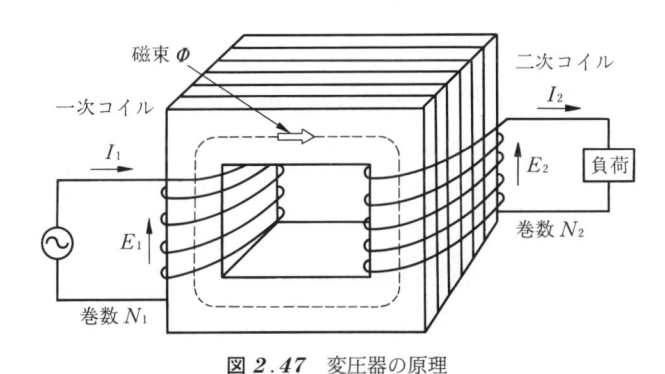

図 2.47 変圧器の原理

一次コイルに交流電圧を加え，交流電流が流れると，鉄心中に時間とともに変化する磁束 Φ が生じる。この磁束が二次コイルを貫くので，二次コイルに誘導起電力が生じる。

いま，一次コイルの巻数を N_1，二次コイルの巻数を N_2 とし，時間 Δt 〔s〕の間の鉄心中の磁束の変化を $\Delta \Phi$ 〔Wb〕とすると，一次コイル，二次コイルに生じる誘導起電力 E_1〔V〕，E_2〔V〕は，式 (2.23) よりそれぞれ次式で表される。

$$E_1 = -N_1 \frac{\Delta \Phi}{\Delta t} \text{〔V〕}, \quad E_2 = -N_2 \frac{\Delta \Phi}{\Delta t} \text{〔V〕} \tag{2.41}$$

したがって

$$\frac{E_1}{E_2} = \frac{-N_1 \frac{\Delta \Phi}{\Delta t}}{-N_2 \frac{\Delta \Phi}{\Delta t}} = \frac{N_1}{N_2} = a \tag{2.42}$$

という関係が得られる。

すなわち，一次コイル，二次コイルに生じる誘導起電力の大きさの比は，両コイルの巻数の比に等しくなる。ここで，E_1/E_2 または N_1/N_2 の比を a で表し，変圧器の**変圧比**（transformation ratio）または**巻数比**（turn ratio）という。

このように，変圧器の一次コイル，二次コイルの巻数の比を変えることにより，電圧を大きくしたり（昇圧という），小さくしたり（降圧という）することができる。

発電所でつくられた電気は，各地域の変電所に送られ，そこで変圧器により降圧され，工場やビルなどの電力需要の大きな需要家に送られる。さらに一般家庭へは，柱上変圧器により 100 V，200 V に降圧されて送電される。

---- **コーヒーブレイク** ----

単位に名を残した人物　　ヘンリー（Joseph Henry，1797～1878）

アメリカの物理学者。1797 年 12 月 17 日ニューヨークに生まれた。苦学してオルバニーアカデミーではじめは医学を，その後工学を学び，1826 年に同校の数学および物理学の教授となった。1846 年，ワシントンのスミソニアン研究所の初代所長となり，終生その地位にあった。

ヘンリーは，鉄心の周囲に絶縁された導線を巻くことにより，強力な電磁石を開発した。その後，電磁誘導の原理を発見したが，全く独自にファラデーが行った実験が先に発表されたために，この結果はファラデーの業績となった。その後，彼は"電流が変化するとその変化を妨げる向きに誘導起電力が生じる"という自己誘導の現象を発見した。また，最初の実用的な電動機を製作した。

インダクタンスの単位ヘンリー（H）は，彼の名前によるものである。

演 習 問 題

【1】 比透磁率が200の物質中のある点での磁界の大きさが10 A/mのとき，その点での磁束密度はいくらか。

【2】 問図 *2.1* に示す環状コイルに電流 *I* を流したとき，コイル中心軸上での磁界の大きさは800 A/mであった。流した電流 *I* の大きさを求めよ。ここで，巻数を100とする。

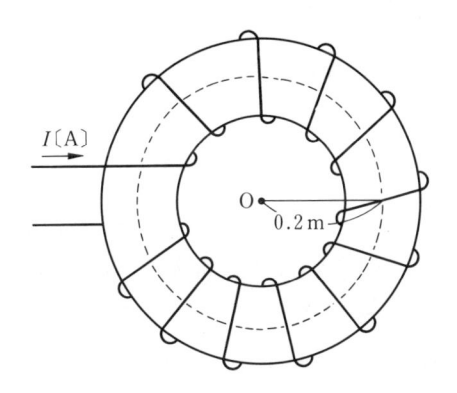

問図 *2.1*

【3】 無限長の直線導線に電流が流れている。導線から30 cm離れた点での磁界の大きさを5 A/mとすると，導線を流れる電流はいくらか。

【4】 ある磁界中に磁界に垂直に長さ20 cmの導体を置き，10 Aの電流を流したら，電流に5 Nの力が働いた。この磁界の磁束密度を求めよ。

【5】 無限に長い2本の線状導体を20 cm離して平行に置き，それぞれに同じ電流を流したら，導線1 m当りに2.5×10^{-3} Nの力が働いた。流した電流はいくらか。

【6】 問図 *2.2* のように，鉄心の磁路の長さ60 cm，断面積2 cm²，ギャップの長さ0.1 cm，コイルの巻数200のエアギャップのある磁気回路がある。コイルに15 Aの電流を流したとき，回路に生じる磁束を求めよ。ここで，鉄心の比透磁率を500とする。

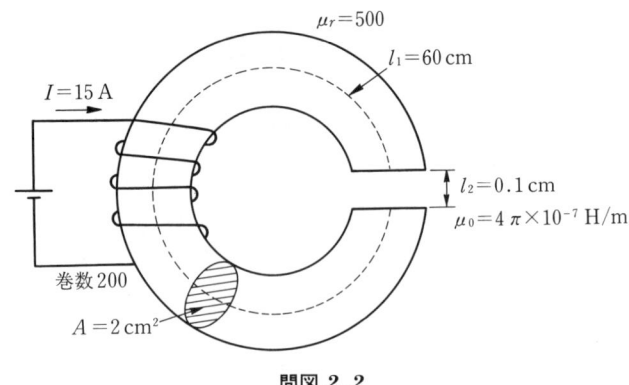

問図 2.2

図中の記号: $\mu_r = 500$, $l_1 = 60\,\mathrm{cm}$, $I = 15\,\mathrm{A}$, $l_2 = 0.1\,\mathrm{cm}$, $\mu_0 = 4\pi \times 10^{-7}\,\mathrm{H/m}$, 巻数 200, $A = 2\,\mathrm{cm}^2$

【7】 あるコイルを貫く磁束が，2 s の間に 0.1 Wb から 0.02 Wb に減少したとき，コイルに 20 V の誘導起電力が生じた。コイルの巻数はいくらか。

【8】 コイルに流れる電流が，0.05 s の間に 100 A 変化したとき，コイルに 20 V の誘導起電力が生じた。このコイルに流れる電流が，1 ms の間に 4 A 変化したとき，どれだけの起電力が生じるか。

【9】 二つのコイル A，B が巻かれた環状コイルで，相互インダクタンスが 20 mH のとき，コイル A に流れる電流が 1 s の間にどれだけ変化すると，コイル B に 50 V の誘導起電力が生じるか。

【10】 磁路の長さ 50 cm，断面積 4 cm^2 で，二つのコイル A，B が巻かれた鉄心の環状コイルがある。コイル A に流れる電流が 0.02 s の間に 5 A 増加したとき，コイル B に 10 V の誘導起電力が生じた。コイル A の巻数が 150 のとき，コイル B の巻数はどれだけか。ここで，鉄心の比透磁率を 1 000 とする。

【11】 変圧器を用いて，家庭用コンセントの電圧 100 V を 5 V に降圧させたい。一次コイルの巻数を 800 とすると，二次コイルの巻数をいくらにすればよいか。

3

静 電 気

　電荷が導体中を移動すると電流となり，これまで学んだようないろいろな磁気現象が起こる．これに対し，静止した電荷による電気を静電気という．物質を摩擦したとき物質表面に現れる摩擦電気は，身近な静電気の例である．また，電荷を蓄える働きをもつコンデンサは，電気素子として広く利用されている．

　この章では，静電気に関するいろいろな性質や現象，コンデンサなどについて学ぶ．

3.1 静 電 現 象

3.1.1 静 電 気

　冬の空気が乾燥した日に，ドアのノブを触ると手に電気のような衝撃を受けたり，化学繊維の衣類を脱いだときにパチパチと音がしたり髪の毛が衣類に吸い付いたりする．これらの現象は，摩擦によって物質が電気を帯びたために起きたもので，この現象を**帯電現象**，摩擦で生じた電気を**摩擦電気**（frictional electricity）という．

　摩擦電気は，次のようにして発生する．物質は，原子から構成されており，原子は正の電荷をもつ原子核と，その周囲を回っている負の電荷をもつ電子とからなり，全体として電荷は0となっている．異なる種類の物質をこすりあわせると，物質の表面で電子が他方の物質に移り，電子を失った物質は正に，電子を得た物質は負に帯電する．

　二つの物質を摩擦したときに，どちらが正でどちらが負になるかは，物質の

組合せにより決まる。電子をとられやすい，すなわち正に帯電しやすい順に物質を並べたものを，**摩擦電気系列**という。図 3.1 にその例を示す。例えば，ガラスを絹の布でこすると，ガラスは正，絹の布は負に帯電するが，こはくを絹の布でこすると，こはくは負，絹の布は正に帯電する。

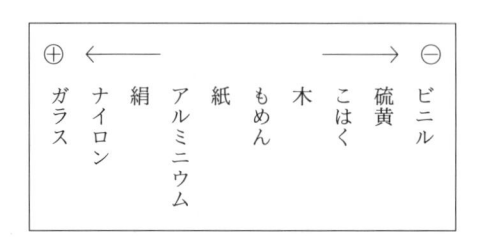

```
⊕ ←――――――――→ ⊖
ガラス  ナイロン  絹  アルミニウム  紙  もめん  木  こはく  硫黄  ビニル
```

図 3.1 摩擦電気系列

摩擦電気は，物質の表面にあり移動しない。このように静止した電気を**静電気**（static electricity）という。また，静電気によるさまざまな現象を，**静電現象**という。

3.1.2 静電力

図 3.2 に示すように，二つの帯電した物質を近づけると，異符号に帯電した物質同士には吸引力が，同符号に帯電した物質同士には反発力が働く。このような力を，**静電力**（electrostatic force）という。クーロン（Charles Augustin de Coulomb，1736〜1806，フランス）は，帯電した物質の間に働く力を実験により調べ，次の関係を見いだした。

「二つの電荷の間に働く静電力は，両電荷の積に比例し，両電荷間の距離の2乗に反比例する」。これを**静電力に関するクーロンの法則**（Coulomb's law）という。

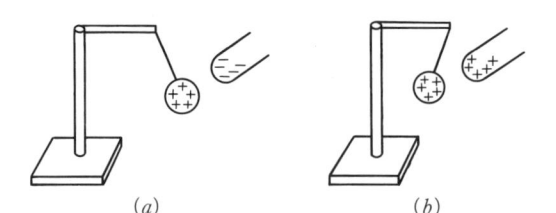

図 3.2 帯電体間に働く力

大きさが無視できるほど小さく，電荷が1点に集中していると考える理想的な電荷を，**点電荷**という。**図3.3**のように，二つの点電荷があり，それぞれの電荷を Q_1〔C〕，Q_2〔C〕，点電荷間の距離を r〔m〕とすると，二つの点電荷の間に働く静電力 F〔N〕は

$$F = k\frac{Q_1 Q_2}{r^2} = \frac{Q_1 Q_2}{4\pi\varepsilon r^2} \text{〔N〕} \tag{3.1}$$

と表される。ここで，比例定数 k は $k=1/(4\pi\varepsilon)$ を表す。また，ε は**誘電率**（permittivity）といい，物質により異なる値をもち，単位には**ファラド毎メートル**（単位記号 F/m）が用いられる。

$$F = \frac{Q_1 Q_2}{4\pi\varepsilon r^2}$$

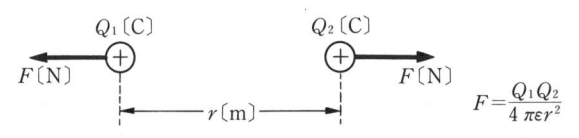

図3.3 静電力に関するクーロンの法則

静電気の領域では，真空，ガラスなどの絶縁物を**誘電体**（dielectric）と呼び，誘電率はそれぞれの誘電体固有の静電的な作用を示すものである。式(3.1) の ε は，点電荷が存在する空間の媒質の誘電率を表している。特に，真空の誘電率を ε_0 で表し，その値は $\varepsilon_0 = 8.854 \times 10^{-12}$ F/m である。

真空の誘電率 ε_0 に対する物質の誘電率 ε を，その物質の**比誘電率**（relative permittivity）といい

$$\varepsilon_r = \frac{\varepsilon}{\varepsilon_0} \tag{3.2}$$

で表す。**表3.1**に誘電体の比誘電率の例を示す。この表から，誘電体の誘電率は真空の誘電率より大きいことがわかる。また，空気の誘電率は真空の誘電率とほぼ等しいので，一般に空気の誘電率として真空の誘電率 ε_0 を用いる。

真空または空気中では，二つの点電荷 Q_1〔C〕，Q_2〔C〕の間に働く静電力 F〔N〕は，式(3.1) より

$$F = k\frac{Q_1 Q_2}{r^2} = \frac{Q_1 Q_2}{4\pi\varepsilon_0 r^2} = 9 \times 10^9 \frac{Q_1 Q_2}{r^2} \text{〔N〕} \tag{3.3}$$

表 3.1 いろいろな物質の比誘電率（20℃）

物 質	比誘電率 ε_r	物 質	比誘電率 ε_r
大理石	8	天然ゴム	2.4
ソーダガラス	7.5	パラフィン	2.2
鉛ガラス	6.9	水	80.36
ダイヤモンド	5.68	ベンゼン	2.284
ボール紙	3.2	空気（乾）	1.000 536
クラフト紙	2.9	酸 素	1.000 494

となる。この場合，比例定数 k は $k=1/(4\pi\varepsilon_0)=9\times10^9$ m/F となる。

例題 3.1 真空中に，それぞれ 4×10^{-2} C と 5×10^{-2} C の電荷をもつ二つの点電荷が 2m 離れて置いてあるとき，両電荷間に働く力を求めよ。

【解答】 真空中で両電荷間に働く力 F は，式（3.3）より

$$F=9\times10^9\times\frac{Q_1Q_2}{r^2}=9\times10^9\times\frac{4\times10^{-2}\times5\times10^{-2}}{2^2}=4.5\times10^6 \,[\text{N}] \qquad \diamondsuit$$

問 3.1 真空中に 2×10^{-8} C と 4×10^{-8} C の二つの点電荷があり，両者の間に 0.2N の力が働いている。これらの点電荷はどれだけ離れているか。

3.1.3 静 電 誘 導

図 3.4 (a) のように，絶縁された帯電していない導体 A に，正に帯電した帯電体 B を近づけると，同図 (b) のように，導体 A の帯電体 B に近い側に負の電荷が，帯電体 B に遠い側に正の電荷が現れる。また，帯電体 B が負

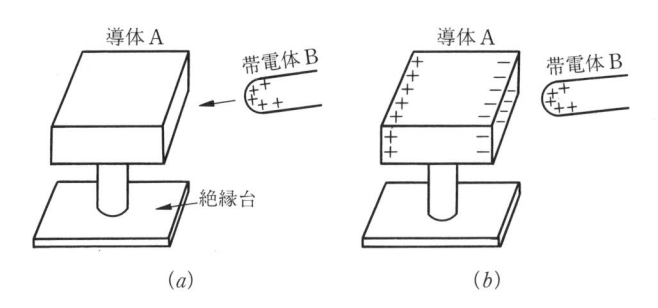

図 3.4 静 電 誘 導

に帯電している場合には，導体 A の帯電体 B に近い側に正の電荷が，帯電体 B に遠い側に負の電荷が現れる。

このように，帯電した物質を導体に近づけると，導体の帯電体に近い側に帯電体と異符号の電荷が，遠い側に帯電体と同符号の電荷が現れる現象を**静電誘導** (electrostatic induction) という。

静電誘導は，導体内での自由電子の移動により説明できる。帯電体を導体に近づけると，導体内の負の電荷をもった自由電子が静電力により移動し，帯電体の電荷が正の場合には，帯電体側に引き寄せられ，反対側では電子が少なくなる。また，帯電体の電荷が負の場合には，自由電子が帯電体から離れた側に遠ざかり，帯電体側では電子が少なくなる。このようにして静電誘導が起きる。

コーヒーブレイク

単位に名を残した人物　クーロン (Charles Augustin de Coulomb, 1736〜1806)

フランスの物理学者。1736 年 6 月 14 日アングレームの名家に生まれた。技術者として軍隊に入り，マルティニク島に配属された後，フランスに戻り科学研究を行った。フランス革命をきっかけに軍隊を退官し，1802 年には公的教育の視学長官に任命された。

クーロンの最も有名な業績は，電荷の間に働く力に関するものである。1785 年に発表した論文で，二つの同種の電荷間に働く反発力は電荷間の距離の 2 乗に反比例するということを示した。また，この研究を吸引力にまで発展させた。さらに，二つの電荷間に働く反発力または吸引力は，二つの電荷の積に比例することを示した。これらにより，"二つの電荷間に働く力は電荷の積に比例し，電荷間の距離の 2 乗に反比例する" という有名なクーロンの法則を導いた。その後彼は，磁気についても電気力と同様の反発力と吸引力に関する法則が成り立つことを示した。

電荷の単位クーロン (C) は，彼の名前によるものである。

3.2 静電力と電界

3.2.1 電界と電位

〔**1**〕**電界と電界の強さ** 点電荷の近くに別の点電荷を置くと,その電荷にクーロンの法則で表される静電力が作用する。これは,点電荷のまわりに電気的な力が働く空間が存在するためで,このような空間を**電界**または**電場**(electric field) という。

電界中に単位正電荷 1C を置いたとき,それに作用する静電力の大きさをこの点での**電界の大きさ**とする。電界の単位には,**ボルト毎メートル**(volt per meter,単位記号 V/m) を用いる。

図 3.5 のように,点電荷 Q〔C〕から r〔m〕離れた点 P に置かれた単位正電荷に作用する静電力の大きさは,式 (3.1) において $Q_1=Q$,$Q_2=1$ とおくことにより

$$F=\frac{Q_1 Q_2}{4\pi\varepsilon r^2}=\frac{Q\times 1}{4\pi\varepsilon r^2}=\frac{Q}{4\pi\varepsilon r^2} \text{〔N〕}$$

となる。したがって,点電荷 Q〔C〕から r〔m〕離れた点 P での電界の大きさ E〔V/m〕は,誘電率 ε の空間中で次のようになる。

$$E=\frac{Q}{4\pi\varepsilon r^2} \text{〔V/m〕} \tag{3.4}$$

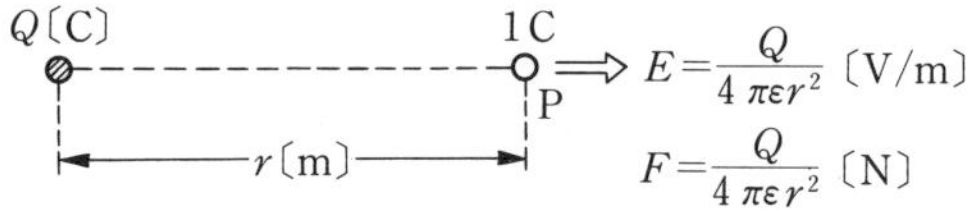

図 3.5 電界

また,電界中に単位正電荷を置いたとき,これに作用する電気力の方向を,この点での**電界の方向**という。これら電界の向きと大きさをあわせて,**電界の強さ**(electric field strength) という。電界は,磁界と同様にベクトル量である。

電界中の単位正電荷に作用する静電力の大きさが,この点での電界の大きさなので,電界の大きさが E 〔V/m〕の点に q 〔C〕の点電荷を置いたとき,その電荷に作用する力は

$$F = qE \text{ 〔N〕} \tag{3.5}$$

となる。

例題 3.2 空気中に置かれた 5×10^{-10} C の点電荷から 3 m 離れた点 P での電界の大きさを求めよ。また,この点 P に 2×10^{-10} C の点電荷を置いたとき,その電荷に作用する力を求めよ。

【解答】 点 P での電界の大きさ E は

$$E = \frac{Q}{4\pi\varepsilon_0 r^2} = 9 \times 10^9 \frac{Q}{r^2} = 9 \times 10^9 \times \frac{5 \times 10^{-10}}{3^2} = 0.5 \text{ 〔V/m〕}$$

点 P に置かれた 2×10^{-10} C の点電荷に作用する力は

$$F = qE = 2 \times 10^{-10} \times 0.5 = 10^{-10} \text{ 〔N〕} \qquad \diamond$$

問 3.2 真空中に 2 C の点電荷がある。この点電荷から 5 m 離れた点での電界の大きさはいくらか。

問 3.3 空気中の 100 V/m の平等電界の中に,3×10^{-3} C の点電荷を置いたとき,点電荷に働く力を求めよ。

〔2〕**電 気 力 線** 電界の形は直接目で見ることはできないが,電界の様子を目で見てわかりやすくするために,磁界における磁力線と同じように,**図 3.6** に示すような**電気力線** (line of electric force) という仮想的な線を考える。

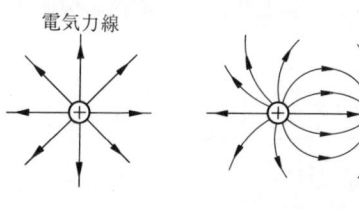

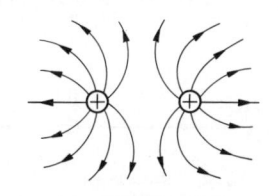

(a) 正 電 荷　　(b) 異符号の電荷　　(c) 同符号の電荷

図 3.6 電気力線

電気力線には,次の性質がある。

1) 電気力線は正電荷から出て負電荷に入る。
2) 電気力線はゴムひものように縮まろうとし,同方向の電気力線同士は反発しあい,逆方向の電気力線同士は引きあう。
3) 任意の点における電気力線の接線の向きが,その点での電界の向きを表す。
4) 任意の点における電気力線の密度は,その点での電界の大きさに等しい。すなわち,電気力線に垂直な単位面積(1 m²)を貫く電気力線の本数 n〔本/m²〕が,電界の大きさ E〔V/m〕を表す。
5) 電気力線は互いに交わらない。
6) Q〔C〕の電荷からは Q/ε 本の電気力線が出る。

例題 3.3 電気力線に垂直な面積 A〔m²〕を貫く電気力線の本数が N〔本〕のとき,電界の大きさ E〔V/m〕はどのような式で表されるか。

【解答】 電界の大きさは,単位面積を貫く電気力線の本数に等しいので
$$E = \frac{N}{A} \text{〔V/m〕} \qquad \diamond$$

問 3.4 20 cm² の面に垂直に 50 本の電気力線が貫いているとき,電界の大きさはいくらか。

〔**3**〕 **電界と電位** 図 3.7 のように,点 O に置いた正の点電荷 Q〔C〕から r〔m〕離れた点 P に単位正電荷 1 C を置いたとき,単位電荷には式 (3.4) で表される力 F〔N〕が作用する。このとき,単位電荷の位置エネル

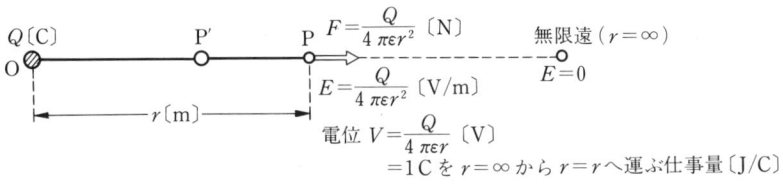

Q〔C〕   P′   P $F = \dfrac{Q}{4\pi\varepsilon r^2}$〔N〕   無限遠($r = \infty$)

$E = \dfrac{Q}{4\pi\varepsilon r^2}$〔V/m〕 $E = 0$

――― r〔m〕 ―――

電位 $V = \dfrac{Q}{4\pi\varepsilon r}$〔V〕
$= 1\,\text{C}$ を $r = \infty$ から $r = r$ へ運ぶ仕事量〔J/C〕

図 3.7 電 位

ギーは，電界が 0 の基準点から点 P の位置まで，力 F [N] に逆らって単位電荷を移動させるのに必要な仕事量 W [J] に等しい。

これを点 P における**電位** (electric potential) といい，単位は，エネルギーをジュール (J) 単位とすると，ジュール毎クーロン (J/C) となるが，これをボルト (V) で表す。つまり，ある点 P での電位は，電界内での単位正電荷の位置エネルギーで表される。一般に，基準点として，点電荷 Q [C] による電界の影響が及ばない無限遠をとることが多い。

いま，図 3.7 に示すように，点 P にある単位正電荷を電気力 F に逆らって点 P′ へ移動させるには，外から仕事をしなくてはならないが，このとき，二つの点 P，P′ の間には**電位差**があるといい，点 P′ は点 P より電位が高いという。

電界 E の中の単位正電荷 1C を，2 点 P，P′ 間で移動させるのに必要な仕事量 W が 1J のとき，この 2 点間の電位差は 1V なので，一般に，電荷 Q を電位差が V [V] の 2 点間で移動させるのに必要な仕事量 W は

$$W = QV \quad [\mathrm{J}] \tag{3.6}$$

となる。

電位の等しい点でつくられる面を，**等電位面** (equipotential surface) という。図 3.8 (a) に，正の点電荷 Q [C] のまわりの等電位面を示す。電界 E は，等電位面に垂直で等電位面の高い方から低い方へ向く。同図 (b) は，電位 V と等電位面を描いたもので，等電位面の間隔が小さいほど電位の勾配が急となる。

どこでも大きさが等しい電界を，**平等電界** (uniform electric field) という。図 3.9 のように，平等電界 E [V/m] 中に 2 点 P_1，P_2 があり，それぞれの電位が V_1，V_2 のとき，2 点の電位差は $\Delta V = V_2 - V_1$ [V]，点 P_1 から点 P_2 までの変位を $\Delta r = r_2 - r_1$ [m] とすると，電界の強さは次の式で表される。

$$E = -\frac{\Delta V}{\Delta r} \quad [\mathrm{V/m}] \tag{3.7}$$

ここで，$\Delta V/\Delta r$ のことを，**電位の傾き** (potential gradient) という。式

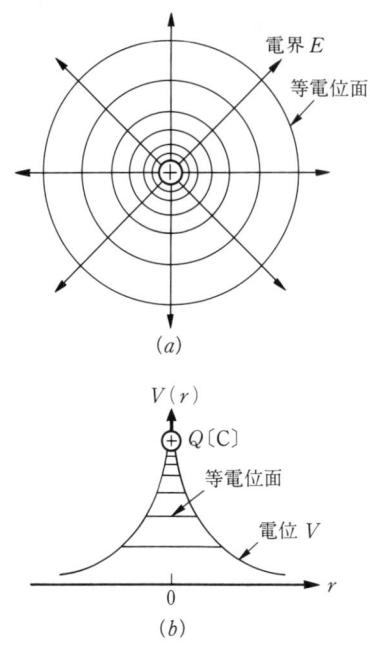

図 3.8 等電位面

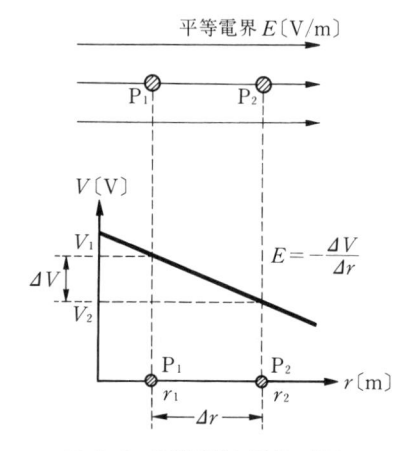

図 3.9 平等電界と電位の傾き

(3.7) の負の符号は，電界の強さの方向が電位の傾きの方向と逆であることを示している．このように，電界の大きさは電位の傾きで表される．

電界 E が場所により変化する場合にも，$\varDelta V$ をある点での小さな電位の差，$\varDelta r$ をその距離とすることにより，式 (3.7) からその点での電場を求めることができる[†1]．

一方，**図 3.10** (a) のように，誘電率が ε [F/m] の空間中に点電荷 Q [C] を置いたとき，点電荷 Q から r [m] 離れた点 P での電位 V を計算すると，次のようになる[†2]．

[†1] 電界が位置により異なる場合には，ある点での電界は，正確には，その点での電位の場所に関する微分に負の符号を付けた式で，以下のように表される．
$$E = -\frac{dV}{dr} \ [\text{V/m}]$$

[†2] 点電荷 Q [C] から r [m] 離れた点 P での電位 V は，式 (3.4) で与えられる電界 E を無限遠から r まで位置について積分することにより，次のようになる．
$$V = -\int_{\infty}^{r} E\,dr = -\int_{\infty}^{r} \frac{Q}{4\pi\varepsilon r^2}\,dr = -\frac{Q}{4\pi\varepsilon}\left[-\frac{1}{r}\right]_{\infty}^{r} = \frac{Q}{4\pi\varepsilon r} \ [\text{V}]$$

3.2 静電力と電界　　93

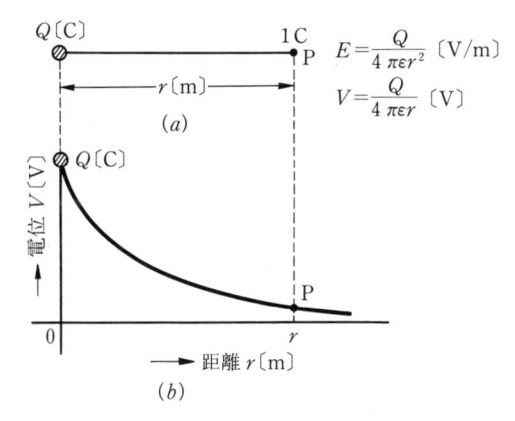

図 3.10　点電荷のまわりの電位

$$V = \frac{Q}{4\pi\varepsilon r} \text{ (V)} \tag{3.8}$$

例題 3.4　平等電界中の，5m 離れたある 2 点の電位がそれぞれ 2V と 10V のとき，2 点間の電界の大きさを求めよ。また，電界の方向はどちら向きか。

【解答】　電界の大きさは，式（3.7）より

$$E = \frac{\Delta V}{\Delta r} = \frac{10-2}{5} = \frac{8}{5} = 1.6 \text{ (V/m)}$$

電界の方向は，電位の傾きが負，すなわち電位が減少する方向なので，10V の点から 2V の点に向かう方向である。　　◇

問 3.5　真空中に 1C の点電荷がある。この点電荷から 2m 離れた点での電位はいくらか。

3.2.2 電束と電束密度

図 3.11 のように，点電荷 Q [C] から出る電気力線の本数について考える。点電荷 Q [C] を中心に半径 r [m] の球面を考えると，球面上での電界の大きさ E は，式（3.4）より $E = Q/(4\pi\varepsilon r^2)$ [V/m] である。これは，電気力線の密度が $n = Q/(4\pi\varepsilon r^2)$ [本/m²] であるということなので，球面全体から出る全電気力線数 N は，n に球の面積 $A = 4\pi r^2$ をかけて

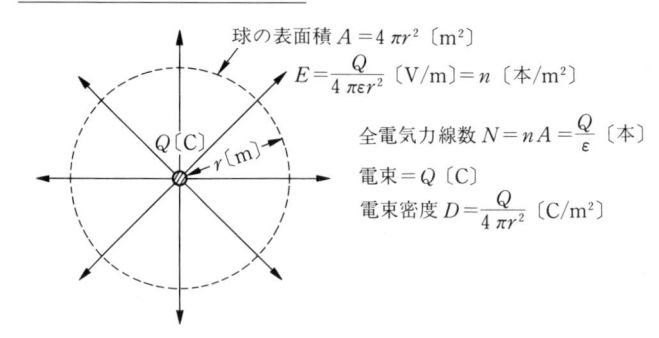

94　3. 静　電　気

球の表面積 $A = 4\pi r^2$ 〔m²〕

$E = \dfrac{Q}{4\pi\varepsilon r^2}$ 〔V/m〕$= n$ 〔本/m²〕

全電気力線数 $N = nA = \dfrac{Q}{\varepsilon}$ 〔本〕

電束 $= Q$ 〔C〕

電束密度 $D = \dfrac{Q}{4\pi r^2}$ 〔C/m²〕

図 3.11　電気力線と電界および電束密度

$$N = \dfrac{Q}{4\pi\varepsilon r^2} \times 4\pi r^2 = \dfrac{Q}{\varepsilon} \tag{3.9}$$

となる。一般に，ある閉曲面を外向きに貫く電気力線の本数は，その閉曲面の内部に含まれる全電荷を Q とすると Q/ε 本である。これを**ガウスの法則**という†。

　これまでは，電界の様子を表すのに電気力線を考えてきたが，誘電率 ε は物質固有の値をもつので，式 (3.9) よりわかるように，電気力線の本数は電荷が存在する空間の物質の種類により異なり，物質の種類が途中で変化した場合，電気力線が不連続になり電界の様子がわかりにくい。

　そこで，物質の種類が変わっても本数が変わらない量として，**電束**（electric flux）を考える。Q〔C〕の電荷からは，常に Q〔C〕の電束が出る。

　電束に垂直な単位断面積を貫く電束を**電束密度**（electric flux density）といい，記号 D で表す。単位としては，**クーロン毎平方メートル**（coulomb per square meter，単位記号 C/m²）を用いる。したがって，**図 3.12** のように電束に垂直な面積 A〔m²〕を電束 Q〔C〕が貫くとき，電束密度 D〔C/m²〕は次の式で与えられる。

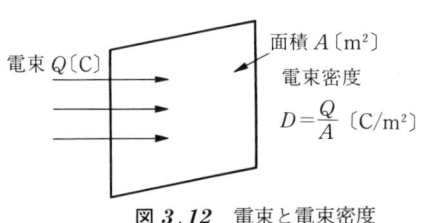

電束 Q〔C〕
面積 A〔m²〕
電束密度 $D = \dfrac{Q}{A}$〔C/m²〕

図 3.12　電束と電束密度

---

† ガウスの法則はベクトルを用いて以下の式で表される。ここで，左辺は電場ベクトル $\vec{E}$ の面積分（$d\vec{A}$ は積分面内の微小面積ベクトルで面に垂直な方向をもつ），右辺の Q はその面内の全電荷を表す。

$$\iint \vec{E} \cdot d\vec{A} = \dfrac{Q}{\varepsilon}$$

$$D = \frac{Q}{A} \text{ (C/m}^2\text{)} \tag{3.10}$$

点電荷 Q 〔C〕から r 〔m〕離れた点での電束密度 D は，球の表面積が $4\pi r^2$ なので

$$D = \frac{Q}{4\pi r^2} \text{ (C/m}^2\text{)}$$

となる。したがって，式 (3.4) より，電束密度と電界との間には次の関係が成り立つ。

$$D = \varepsilon E \tag{3.11}$$

この式は，磁束密度における $B = \mu H$ に相当するものである。

例題 3.5 面積 $10\,\text{cm}^2$ を垂直に貫く電束が $20\,\text{C}$ のとき，電束密度はいくらか。

【解答】 式 (3.10) より，電束密度 D は

$$D = \frac{Q}{A} = \frac{20}{10 \times 10^{-4}} = 2 \times 10^4 \text{ (C/m}^2\text{)} \qquad \diamondsuit$$

3.3 コンデンサ

3.3.1 コンデンサと静電容量

〔1〕 **コンデンサ** 図 3.13 のように，誘電体をはさんで2枚の金属板①，②を平行に置き，スイッチをa側に倒して直流電圧 V 〔V〕を加えると，スイッチを倒した瞬間だけ電流計 A の指針が振れる。その後，スイッチをaとbの中間に置いても，電流計の指針は0から動かない。さらにスイッチをb側に倒すと，スイッチを倒した瞬間だけ電流計 B の指針が振れる。

このことは，金属板に電荷が蓄えられたことを示している。金属板の間には誘電体があるため，電圧をかけても金属板を通して電流が流れることができない。したがって，スイッチをa側に倒すと，金属板①の電子が電源の＋側に移動し，電極の－側の電子が金属板②に移動することにより，金属板の両側に電

図3.13 コンデンサ

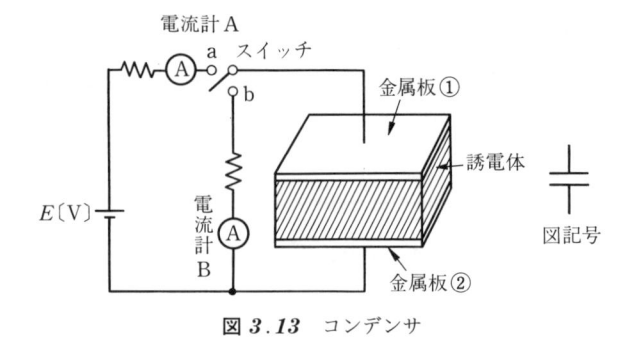

荷が蓄えられる。

このように，電荷を蓄えることができる素子を，**コンデンサ**（condenser）または**キャパシタ**（capacitor）という。また，電荷を蓄えることを**充電**（charge），蓄えた電荷を放出することを**放電**（discharge）という。

〔2〕**静電容量**　コンデンサに蓄えられる電荷 Q〔C〕は，次のように金属板の間の電位差 V〔V〕に比例する。

$$Q = CV \tag{3.12}$$

ここで，比例定数 C をコンデンサの**静電容量**（electrostatic capacity）といい，単位には**ファラド**（farad，単位記号 F）を用いる。静電容量の大きなコンデンサほど，同じ電圧で大きな電荷を蓄えることができる。

ファラドの単位は，実用的には大きすぎるので，一般には，**マイクロファラド**（microfarad，単位記号 μF）や**ピコファラド**（picofarad，単位記号 pF）が用いられる。これらの間には，次のような関係がある。

$$1\,\mu\text{F} = 10^{-6}\,\text{F}, \quad 1\,\text{pF} = 10^{-6}\,\mu\text{F} = 10^{-12}\,\text{F}$$

図3.14（a）において，金属板の面積を A〔m²〕，金属板間の距離を d〔m〕，誘電体の誘電率を ε〔F/m〕，金属板に加える電圧を V〔V〕とすると，同図（b）に示すように電位の傾きは $\Delta V/\Delta x = -V/d$ なので，金属板間の電界の大きさは，式（3.7）より

$$E = \frac{V}{d} \;\text{〔V/m〕} \tag{3.13}$$

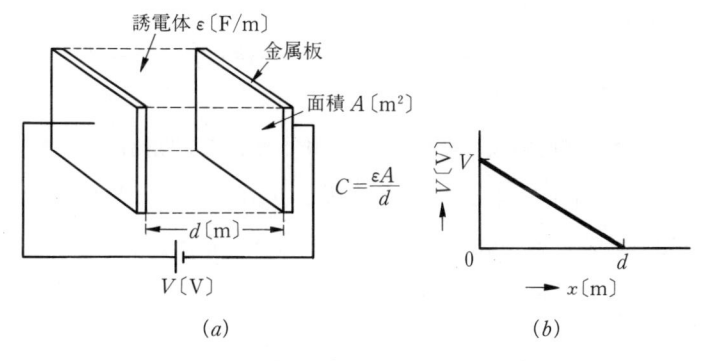

図 3.14 平行金属板コンデンサの静電容量

となる。また，電束密度 D [C/m²] は

$$D = \varepsilon E = \frac{Q}{A} \text{ [C/m}^2\text{]}$$

で与えられるので，これらより次の関係が得られる。

$$V = Ed = \frac{Qd}{\varepsilon A} \text{ [V]}$$

したがって，式 (3.12) より，平行に置かれた金属板によるコンデンサの静電容量 C [F] は次のようになる。

$$C = \frac{\varepsilon A}{d} \text{ [F]} \tag{3.14}$$

例題 3.6 空気中に面積 100 cm² の金属板を 0.5 mm 離して平行に置いたコンデンサの静電容量はいくらか。また，このコンデンサに 200 V の電圧を加えたとき，蓄えられる電荷はいくらか。

【解答】 空気中に置かれたコンデンサの静電容量 C は，式 (3.14) より

$$C = \frac{\varepsilon A}{d} = \frac{\varepsilon_0 A}{d} = \frac{8.854 \times 10^{-12} \times 100 \times 10^{-4}}{0.5 \times 10^{-3}} = 1.77 \times 10^{-10} \text{ [F]} = 177 \text{ [pF]}$$

このコンデンサに，200 V の電圧を加えたとき蓄えられる電荷 Q は，式 (3.12) より

$$Q = CV = 1.77 \times 10^{-10} \times 200 = 3.54 \times 10^{-8} \text{ [C]} \qquad \diamondsuit$$

問 3.6 静電容量が 200 μF のコンデンサに 100 V の電圧を加えたとき，コンデ

ンサに蓄えられる電荷はいくらか。

問 **3.7** 空気中に面積 $25\,\mathrm{cm}^2$ の金属板を $2\,\mathrm{mm}$ 離して平行に置いたコンデンサの，静電容量はいくらか。

〔3〕 **コンデンサの表示と種類**　コンデンサは電気回路における基本的な素子であり，使用目的によりさまざまな種類のものがある。静電容量が一定のものを**固定コンデンサ**（fixed capacitor），静電容量を連続的に変化させることができるものを**可変コンデンサ**（variable capacitor）またはバリコンという。

固定コンデンサは，誘電体の種類により，空気コンデンサ，紙コンデンサ，磁器コンデンサ，プラスチックコンデンサ，電解コンデンサなどがある。図 **3.15** に固定コンデンサの例を示す。

紙コンデンサ　　磁器コンデンサ　　プラスチックコンデンサ

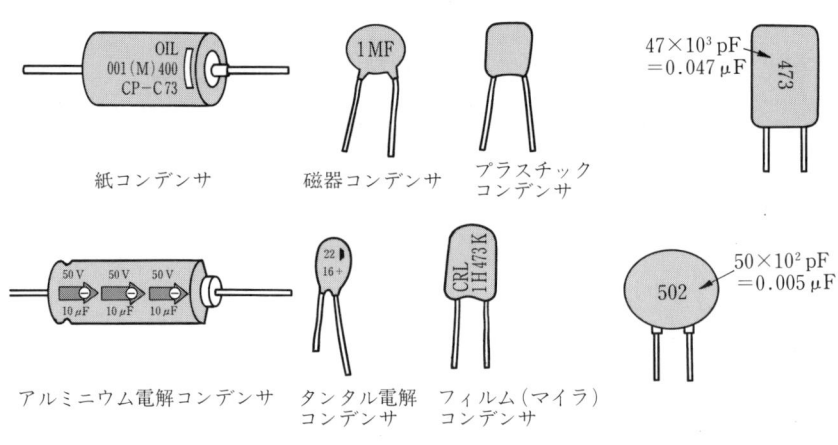

アルミニウム電解コンデンサ　　タンタル電解コンデンサ　　フィルム（マイラ）コンデンサ

図 **3.15**　固定コンデンサ

$47\times10^3\,\mathrm{pF}=0.047\,\mu\mathrm{F}$

$50\times10^2\,\mathrm{pF}=0.005\,\mu\mathrm{F}$

図 **3.16**　コンデンサの静電容量の表示例

コンデンサの静電容量は，3桁の数字で表されることがある。図 **3.16** にコンデンサの静電容量の表示例を示す。例えば 473 は $47\times10^3\,\mathrm{pF}$ を表し，pF の単位で表示される。

コンデンサは，それぞれ使用に耐えうる電圧，すなわち**定格電圧**（rated voltage）が決められており，この電圧以上の電圧を加えると放電し電荷を蓄えることができなくなる。このため，定格電圧以上の電圧を加えないように注

意する必要がある。

3.3.2 コンデンサの接続

〔1〕 **直列接続** 静電容量が C_1, C_2, C_3 〔F〕のコンデンサを図 **3.17** (a) のように直列に接続し，その端子 ab 間に電圧 V 〔V〕を加えた場合を考える。

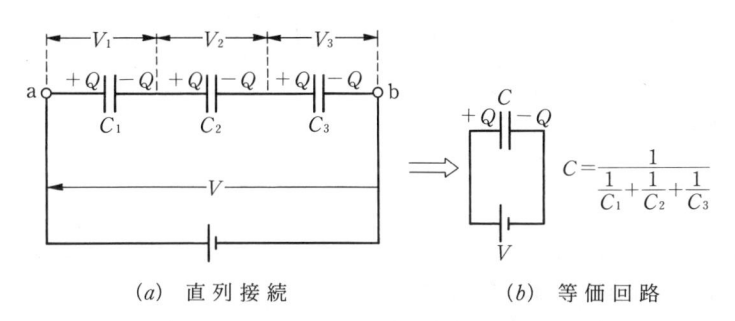

(a) 直列接続 (b) 等価回路

図 **3.17** コンデンサの直列接続と合成容量

コンデンサは金属板の間に誘電体がはさんであるので，電流はコンデンサを流れることができず，コンデンサ C_1 の上部の電極に電荷 $+Q$〔C〕が蓄えられ，コンデンサ C_1 の下部の電極には静電誘導により電荷 $-Q$〔C〕が現れる。

コンデンサ C_2 の上部の電極は C_1 の下部の電極と同じ電線でつながっているので，導線内の電荷の総和は 0 であることから，コンデンサ C_2 の上部の電極には電荷 $+Q$〔C〕が現れ，コンデンサ C_2 の下部の電極には静電誘導により電荷 $-Q$〔C〕が現れる。このようにして，直列に接続されたコンデンサの両端には，図のようにすべて同じ電荷 $+Q$, $-Q$ が現れる。

ここで，各コンデンサの端子間の電圧をそれぞれ V_1, V_2, V_3〔V〕とすると

$$V_1 = \frac{Q}{C_1} \text{〔V〕}, \quad V_2 = \frac{Q}{C_2} \text{〔V〕}, \quad V_3 = \frac{Q}{C_3} \text{〔V〕} \tag{3.15}$$

であるので，全電圧 V〔V〕は

$$V = V_1 + V_2 + V_3 = \frac{Q}{C_1} + \frac{Q}{C_2} + \frac{Q}{C_3} = Q\left(\frac{1}{C_1} + \frac{1}{C_2} + \frac{1}{C_3}\right) \ [\text{V}] \quad (3.16)$$

となる。

したがって，図 3.17 (b) のようにコンデンサ C_1，C_2，C_3 [F] を 1 個のコンデンサ C [F] と考えると，直列接続の合成容量 C [F] は次のようになる。

$$C = \frac{Q}{V} = \frac{Q}{Q\left(\frac{1}{C_1} + \frac{1}{C_2} + \frac{1}{C_3}\right)} = \frac{1}{\frac{1}{C_1} + \frac{1}{C_2} + \frac{1}{C_3}} \ [\text{F}] \quad (3.17)$$

例題 3.7 静電容量が $5\,\mu\text{F}$，$10\,\mu\text{F}$，$30\,\mu\text{F}$ のコンデンサを直列に接続したときの，合成容量を求めよ。また，このときそれぞれのコンデンサの両端に生じる電圧の比を求めよ。

【解答】 合成容量 C は，式 (3.17) より

$$C = \frac{1}{\frac{1}{C_1} + \frac{1}{C_2} + \frac{1}{C_3}} = \frac{1}{\frac{1}{5 \times 10^{-6}} + \frac{1}{10 \times 10^{-6}} + \frac{1}{30 \times 10^{-6}}}$$

$$= \frac{1}{\frac{10}{30 \times 10^{-6}}} = 3 \times 10^{-6} \ [\text{F}] = 3 \ [\mu\text{F}]$$

各コンデンサの両端の電圧を V_1，V_2，V_3 [V] とすると

$$V_1 : V_2 : V_3 = \frac{Q}{C_1} : \frac{Q}{C_2} : \frac{Q}{C_3} = \frac{1}{C_1} : \frac{1}{C_2} : \frac{1}{C_3}$$

$$= \frac{1}{5 \times 10^{-6}} : \frac{1}{10 \times 10^{-6}} : \frac{1}{30 \times 10^{-6}}$$

$$= \frac{1}{5} : \frac{1}{10} : \frac{1}{30} = \frac{6}{30} : \frac{3}{30} : \frac{1}{30} = 6 : 3 : 1 \qquad \diamondsuit$$

問 3.8 静電容量が $200\,\mu\text{F}$，$300\,\mu\text{F}$ のコンデンサを直列に接続し，両端に $50\,\text{V}$ の電圧を加えたとき，コンデンサの合成容量および蓄えられる電荷を求めよ。

〔2〕**並列接続** 静電容量が C_1，C_2，C_3 [F] のコンデンサを図 3.18 (a) のように並列に接続し，両端の端子 ab 間に電圧 V [V] を加えた場合，各コンデンサには同じ電圧 V [V] が加わるので，各コンデンサに蓄えられる電荷 Q_1，Q_2，Q_3 [C] は

(a) 並列接続　　　　　　　(b) 等価回路

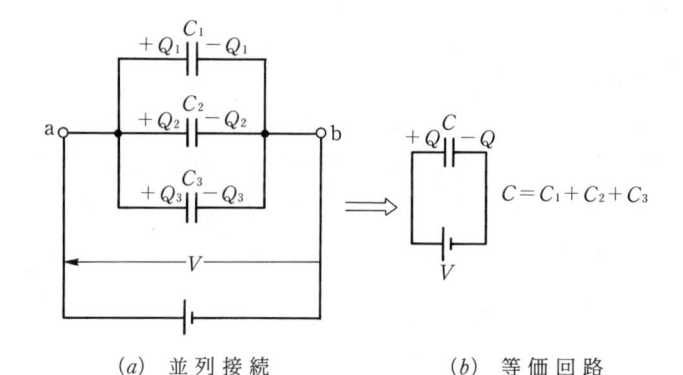

図 3.18 コンデンサの並列接続と合成容量

$$Q_1 = C_1 V \text{ [C]}, \quad Q_2 = C_2 V \text{ [C]}, \quad Q_3 = C_3 V \text{ [C]} \tag{3.18}$$

となる。これより全電荷 Q [C] は

$$Q = Q_1 + Q_2 + Q_3 = V(C_1 + C_2 + C_3) \text{ [C]} \tag{3.19}$$

となる。

したがって，**図 3.18** (b) のように C_1，C_2，C_3 [F] を1個のコンデンサ C [F] と考えると，並列接続の合成容量 C [F] は次のようになる。

$$C = \frac{Q}{V} = \frac{V(C_1 + C_2 + C_3)}{V} = C_1 + C_2 + C_3 \text{ [F]} \tag{3.20}$$

例題 3.8 静電容量が $5\,\mu\text{F}$，$10\,\mu\text{F}$，$30\,\mu\text{F}$ のコンデンサを並列に接続したときの合成容量を求めよ。また，両端に $100\,\text{V}$ の電圧を加えたとき，それぞれのコンデンサに蓄えられる電荷を求めよ。

【**解答**】 合成容量は，式 (3.20) より
$$C = C_1 + C_2 + C_3 = 5 \times 10^{-6} + 10 \times 10^{-6} + 30 \times 10^{-6} = 45 \times 10^{-6} \text{ [F]} = 45 \text{ [}\mu\text{F]}$$
それぞれのコンデンサに蓄えられる電荷を Q_1，Q_2，Q_3 [C] とすると
$$Q_1 = C_1 V = 5 \times 10^{-6} \times 100 = 5 \times 10^{-4} \text{ [C]}$$
$$Q_2 = C_2 V = 10 \times 10^{-6} \times 100 = 1 \times 10^{-3} \text{ [C]}$$
$$Q_3 = C_3 V = 30 \times 10^{-6} \times 100 = 3 \times 10^{-3} \text{ [C]}$$

◇

問 3.9 静電容量が $2\,\mu\mathrm{F}$, $5\,\mu\mathrm{F}$, $10\,\mu\mathrm{F}$ のコンデンサを並列に接続し,両端に $100\,\mathrm{V}$ の電圧を加えたとき,コンデンサの合成容量および各コンデンサに蓄えられる電荷を求めよ.

例題 3.9 図 3.19 のように,$C_1=10\,\mu\mathrm{F}$, $C_2=40\,\mu\mathrm{F}$, $C_3=5\,\mu\mathrm{F}$ のコンデンサを直並列に接続したとき,合成容量はいくらか.また,両端に $200\,\mathrm{V}$ の電圧を加えたとき,各コンデンサに蓄えられる電荷はいくらか.

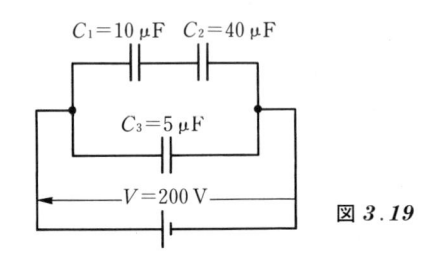

図 3.19

【解答】 C_1 と C_2 の合成容量 C_{12} は

$$C_{12}=\frac{1}{\dfrac{1}{C_1}+\dfrac{1}{C_2}}=\frac{1}{\dfrac{1}{10\times10^{-6}}+\dfrac{1}{40\times10^{-6}}}=\frac{1}{\dfrac{5}{40\times10^{-6}}}=8\times10^{-6}\,[\mathrm{F}]=8\,[\mu\mathrm{F}]$$

これより三つのコンデンサの合成容量 C は

$$C=C_{12}+C_3=8\times10^{-6}+5\times10^{-6}=13\times10^{-6}\,[\mathrm{F}]=13\,[\mu\mathrm{F}]$$

C_1, C_2, C_3 の両端の電圧をそれぞれ V_1, V_2, $V_3\,[\mathrm{V}]$ とすると,C_1, C_2 に蓄えられる電荷は等しいので

$$C_1V_1=C_2V_2,\quad 10\times10^{-6}V_1=40\times10^{-6}V_2,\quad \therefore\ V_1=4V_2$$

したがって,各コンデンサの端子電圧は

$$V_3=V_1+V_2=200\,[\mathrm{V}],\quad V_1=160\,[\mathrm{V}],\quad V_2=40\,[\mathrm{V}]$$

これより

$$Q_1=Q_2=C_1V_1=10\times10^{-6}\times160=1.6\times10^{-3}\,[\mathrm{C}]$$
$$Q_3=C_3V_3=5\times10^{-6}\times200=1.0\times10^{-3}\,[\mathrm{C}]$$

◇

3.3.3 コンデンサに蓄えられるエネルギー

充電されたコンデンサを導線で豆電球に接続すると,コンデンサは放電し,豆電球が光る.これは,コンデンサに蓄えられた電気エネルギーが光エネルギ

ーに変換されたためである。このように，コンデンサは電気エネルギーを蓄えることができる。

電位差が V 〔V〕の2点間で電荷 Q 〔C〕を移動させるには，式 (3.6) より

$$W = QV \text{ 〔J〕}$$

の仕事が必要である。コンデンサに電荷 $+Q$ 〔C〕，$-Q$ 〔C〕を蓄えるためには，電荷は電極間の電位差を移動しなければならない。**図 3.20** のように，静電容量 C 〔F〕のコンデンサに蓄えられる電荷 q 〔C〕と電圧 v 〔V〕は比例するので，微小な電荷 Δq 〔C〕を移動させるのに必要な仕事量 ΔW 〔J〕は

$$\Delta W = v \Delta q = \frac{q}{C} \Delta q \text{ 〔J〕}$$

となる。ここで $q = Cv$ を用いた。

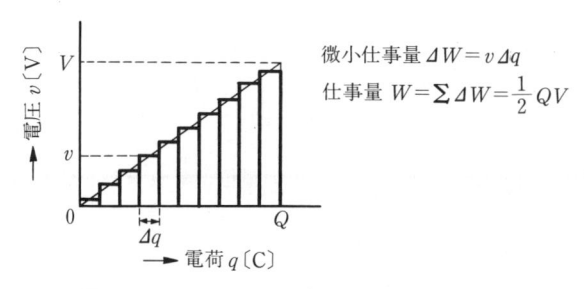

図 3.20 コンデンサに蓄えられる電荷と電圧

したがって，Q 〔C〕の電荷を移動させるのに必要な仕事量 W 〔J〕は，**図 3.20** からもわかるように次のようになる。

$$W = \sum \Delta W = \frac{1}{2} QV = \frac{1}{2} CV^2 = \frac{1}{2C} Q^2 \text{ 〔J〕} \tag{3.21}$$

ここで，$Q = CV$ を用いた。

このように，静電容量 C 〔F〕のコンデンサを充電して電圧が V 〔V〕になったとき，コンデンサには式 (3.21) の仕事量に相当するエネルギーが蓄えられる。

3. 静電気

例題 3.10 静電容量が $20\,\mu\text{F}$ のコンデンサを $200\,\text{V}$ に充電したとき、コンデンサに蓄えられるエネルギーはいくらか。

【解答】 コンデンサに蓄えられるエネルギー W は、式（3.21）より
$$W = \frac{1}{2}CV^2 = \frac{1}{2} \times 20 \times 10^{-6} \times 200^2 = 0.4\,[\text{J}] \qquad \diamondsuit$$

問 3.10 静電容量が $50\,\mu\text{F}$ のコンデンサを $100\,\text{V}$ に充電したとき、コンデンサに蓄えられるエネルギーを求めよ。

演 習 問 題

【1】 陽子の電荷は約 $1.6 \times 10^{-19}\,\text{C}$ である。真空中で $0.4\,\text{m}$ 離れた二つの陽子の間に働く力を求めよ。

【2】 空気中に置かれた点電荷から $2\,\text{m}$ 離れた点での電界が $10^8\,\text{V/m}$ であった。この点電荷の電荷はいくらか。

【3】 電界中に $5 \times 10^{-3}\,\text{C}$ の点電荷を置いたら、点電荷は電界から $0.8\,\text{N}$ の力を受けた。電界の大きさを求めよ。

【4】 平等電界中で $10\,\text{cm}$ 離れたある 2 点の電位がそれぞれ $5\,\text{V}$ と $20\,\text{V}$ のとき、2 点間の電界の大きさを求めよ。

【5】 空気中に置かれた $6\,\mu\text{C}$ の点電荷からある距離だけ離れた点での電位は $30\,\text{V}$ であった。この点は点電荷から何 m 離れているか。

【6】 真空中にある $0.5\,\text{C}$ の点電荷から $2\,\text{m}$ 離れた点での電束密度は何 C/m^2 か。また、その点での電界の大きさは何 V/m か。

【7】 $60\,\mu\text{F}$ のコンデンサに何 V の電圧をかけると、$5 \times 10^{-3}\,\text{C}$ の電荷が蓄えられるか。

【8】 面積 $0.02\,\text{m}^2$ の 2 枚の金属板の間に比誘電率が 5、厚さが $1\,\text{cm}$ の誘電体をはさんだコンデンサの静電容量はいくらか。

【9】 問図 3.1 のように $C_1 = 1\,\mu\text{F}$、$C_2 = 5\,\mu\text{F}$、$C_3 = 2\,\mu\text{F}$ の三つのコンデンサを接続したとき、合成容量はいくらか。また、両端に $200\,\text{V}$ の電圧を加えたとき、

問図 3.1

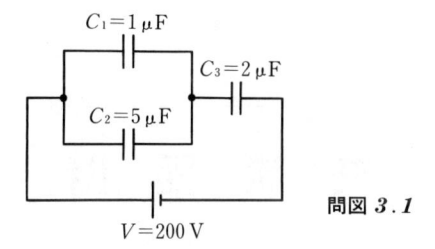

各コンデンサの端子電圧および蓄えられる電荷はそれぞれいくらか。

【10】 $3\,\mu\text{F}$, $5\,\mu\text{F}$, $7\,\mu\text{F}$ の三つのコンデンサを並列に接続し，$100\,\text{V}$ の電圧を加えて充電した後，導線を通して放電した。導線に発生する熱エネルギーは何 J か。

4

交 流 回 路

 1章では，電圧や電流が時間に対して一定の，直流について学んだ。これに対し，発電所でつくられ，工場や各家庭に送られ，工業製品やわれわれのまわりのほとんどの電気製品に使われているのは，時間の経過とともに大きさや向きが変化する交流である。

 この章では，交流の中でも特に正弦波交流を中心に学ぶ。まず，交流の基本的性質を学び，ベクトルを用いた交流波の表現法について理解する。さらに，抵抗，インダクタンス，静電容量が，単独または組み合わさった交流回路の性質について学ぶ。

4.1 交流の基礎

4.1.1 直流と交流

 図 *4.1* (*a*) のように，時間に対して電流の向きと大きさが一定であるものを，**直流電流**（direct current，略して DC）という。このとき，回路に加わる電圧も時間に対して一定で，この電圧を**直流電圧**（direct voltage）という。これら直流電流と直流電圧を総称して，**直流**と呼んでいる。

 これに対し，図 *4.1* (*b*) のように，時間に対して電流の向きと大きさが変化するものを，**交流電流**（alternative current，略して AC）という。このとき，電圧も時間に対して変化し，これを**交流電圧**（alternative voltage）といい，これら交流電流と交流電圧を総称して，**交流**と呼んでいる。

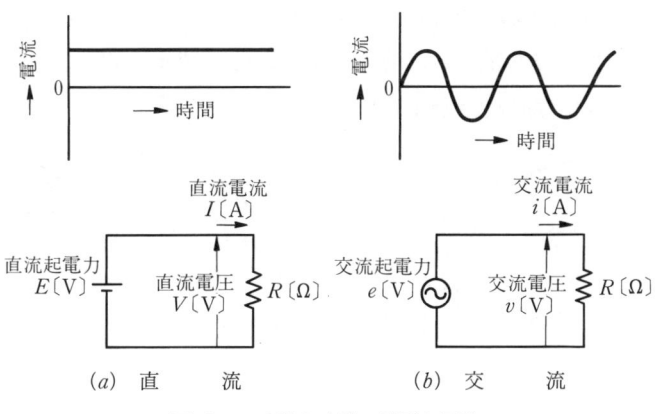

図 4.1 直流と交流の波形と回路

4.1.2 正弦波交流

〔1〕 **交流の波形**　交流の波の大きさと向きの時間に対する変化を**波形**（waveform）という。交流には，**図 4.2** に示すようないろいろな波形の波がある。このうち，同図 (a) のように波形が正弦波曲線であるものを，**正弦波交流**（sine wave AC）という。正弦波交流は，工場や家庭などで一般的に使われているものである。

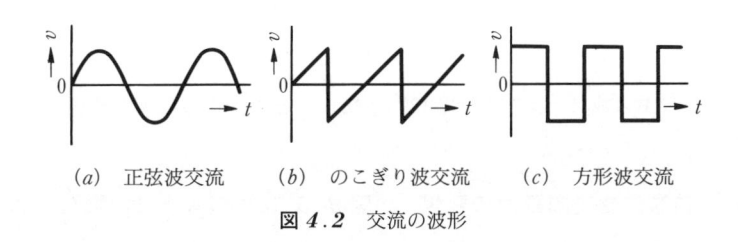

(a) 正弦波交流　(b) のこぎり波交流　(c) 方形波交流

図 4.2 交流の波形

〔2〕 **弧度法**　角度を表すには，一般に 60 分法と呼ばれる度（単位記号 °）を単位とした方法が用いられている。一方，**図 4.3** に示すように，半径 r の円では中心角の大きさ ϕ（ファイと読む）と円弧の長さ l が比例することから，l/r で角度を表す方法を，**弧度法**（radian，単位記号 rad）という。

半径 r の円で1回転を表すのは，中心角で $\phi=360°$，円弧で $l=2\pi r$ なので，60分法と弧度法の間には，**$360°=l/r=2\pi r/r=2\pi$〔rad〕**という関係がある。また，$1\,\mathrm{rad}=360°/(2\pi)=57.3°$ となる。

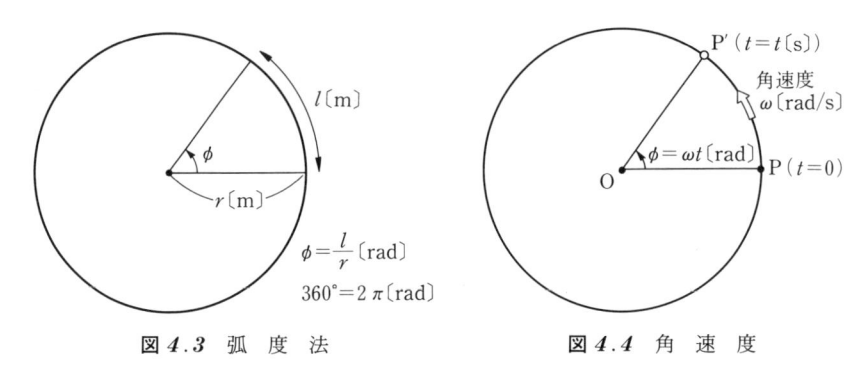

図4.3 弧度法

図4.4 角速度

〔3〕**角速度** 図4.4に示すように，点Pにある物体が点Oを中心に円運動をするとき，1秒間に回転する角度で回転の速度を表す方法がある。これを**角速度**（angular velocity）といい，記号 ω（オメガと読む）で表し，単位に**ラジアン毎秒**（単位記号 rad/s）を用いる。

角速度 ω で回転している物体が，t 秒間に点Pから点P′まで回転したとき，その回転角 ϕ は

$$\phi=\omega t\;\mathrm{〔rad〕} \tag{4.1}$$

で表される。

|問| **4.1** ある物体が，5秒間に180°回転したとき，この物体の角速度はいくらか。

〔4〕**正弦波交流起電力の発生** 図4.5(a)のように，磁石のN極とS極の間に l〔m〕×d〔m〕の長方形のコイルを置き，軸OO′を中心に角速度 ω〔rad/s〕でコイルを回転させる場合を考える。このとき，コイルには，フレミングの右手の法則に従う方向に誘導起電力 e〔V〕が生じ，図のような向きに電流 I〔A〕が流れる。コイルには，**スリップリング**（slip ring）と呼ばれる金属環 R_1，R_2 が取り付けられており，コイルの回転によりブラシ B_1，B_2 を

4.1 交流の基礎

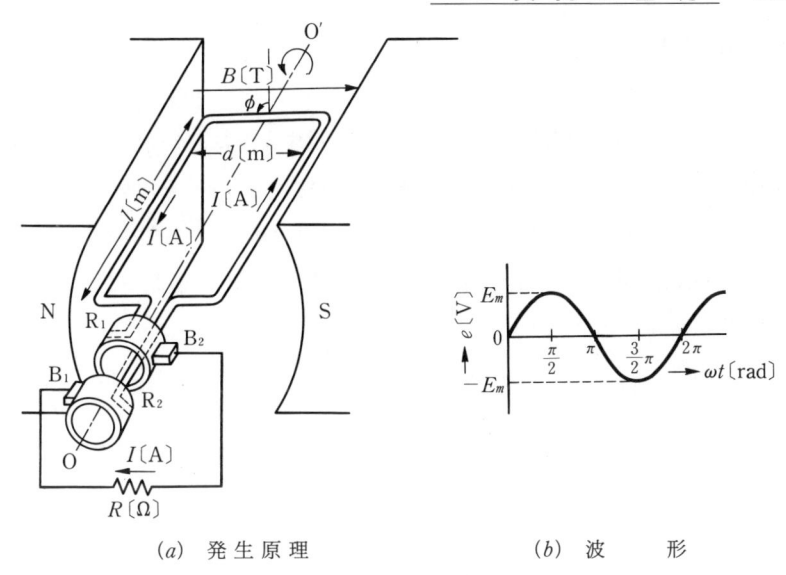

(a) 発生原理　　　(b) 波　形

図 **4.5**　正弦波交流起電力の発生

通して回路に流れる電流の向きも変化するようになっている。

　回路に発生する起電力 e〔V〕の大きさは，磁界に垂直な面に対してコイルがなす角を ϕ とすると，式 (2.25)，(4.1) より

$$e = 2Blv \sin\phi = 2Blv \sin\omega t \text{〔V〕} \tag{4.2}$$

となる。ここで，$E_m = 2Blv$ とおくと

$$e = E_m \sin\omega t \text{〔V〕} \tag{4.3}$$

となる。このように，コイルに発生する起電力 e〔V〕は，コイルの回転にともなって図 **4.5** (b) のように正弦曲線を描いて変化する。この起電力が正弦波交流起電力で，コイルが1回転するごとに正弦波交流起電力の波が一つ発生する。

　ここで，交流起電力の波が1秒間に f 個発生するとき，角速度 ω〔rad/s〕は

$$\omega = 2\pi f \text{〔rad/s〕} \tag{4.4}$$

で表され，この ω〔rad/s〕を正弦波交流の**角周波数**（angular frequency）という。

4.1.3 周期と周波数

交流では，時間に対して波が同じ変化のパターンをくり返しており，この波の一つのパターンを **1周波** という。図4.6に示すように，1周波に要する時間を **周期**（period）といい，記号 T で表し，単位に秒 (s) を用いる。また，1秒間にくり返す波の数を **周波数**（frequency）といい，記号 f で表し，単位に **ヘルツ**（hertz，単位記号 Hz）を用いる。周波数は周期の逆数になり，以下のように表される。

$$f = \frac{1}{T} \ [\text{Hz}] \tag{4.5}$$

工場や家庭で使われている電源の周波数は，50または60 Hzである。

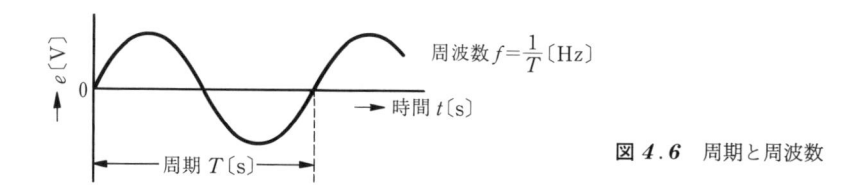

図4.6 周期と周波数

波は空間を伝わっていくので，時間に対して変化するとともに，空間に対しても変化する。図4.7に示すように，波を空間中の座標 x に対する変化でみたとき，時間でいう周期に相当する波の長さを，**波長**（wavelength）という。波長は記号 λ で表し，単位にメートル (m) を用いる。波が光の速度 c [m/s] で空間を伝わるとすると，波長と周波数の間には以下の関係がある。

$$\lambda = \frac{c}{f} \ [\text{m}] \tag{4.6}$$

ここで，真空中を進む光の速度は約 3×10^8 m/s であり，空気中でもほぼ同じと考えてよい。

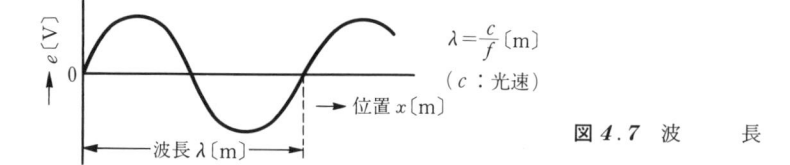

図4.7 波長

4.1 交流の基礎

例題 4.1 周波数が 50 Hz の交流の角周波数を求めよ。

【解答】 周波数は $f=50\,\mathrm{Hz}$ なので，式 (4.4) より角周波数 ω 〔rad/s〕は次のようになる。
$$\omega=2\pi f=2\pi\times 50=100\pi=314\ \text{〔rad/s〕}$$
◇

例題 4.2 周期が 0.02 s の交流の周波数と波長を求めよ。

【解答】 周期は $T=0.02\,\mathrm{s}$ なので，式 (4.5) より周波数 f〔Hz〕は
$$f=\frac{1}{T}=\frac{1}{0.02}=50\ \text{〔Hz〕}$$
また，波長 λ〔m〕は式 (4.6) より
$$\lambda=\frac{c}{f}=\frac{3\times 10^8}{50}=6\times 10^6\ \text{〔m〕}$$
◇

問 4.2 周波数が 400 kHz の交流の角周波数および周期を求めよ。

問 4.3 周波数が 400 MHz の交流の周期および波長を求めよ。

4.1.4 瞬時値と最大値

図 4.8 のように，ある時刻における交流の値を**瞬時値**（instantaneous value）という。瞬時値は小文字で表され，起電力の瞬時値を e，電流の瞬時値を i，電圧の瞬時値を v で表す。

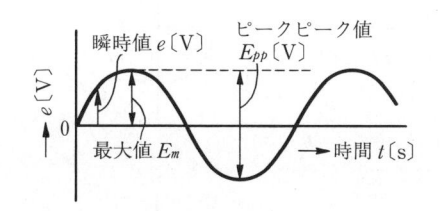

図 4.8 瞬時値と最大値

瞬時値のうちで絶対値が最大のものを，**最大値**（maximum value）または**振幅**（amplitude）といい，起電力の最大値を E_m，電流の最大値を I_m，電圧の最大値を V_m で表す。

また，瞬時値の最大の値と最小の値との差を**ピークピーク値**（peak-to-peak value）といい，起電力のピークピーク値を E_{pp}，電流のピークピーク値

を I_{pp}，電圧のピークピーク値を V_{pp} で表す。ピークピーク値は，最大値または振幅の2倍である。

問 4.4 正弦波交流起電力 $e = 50 \sin 60\,t$ 〔V〕の最大値，周波数，角周波数，周期はいくらか。

4.1.5 位相と位相差

図 4.9 (a) に示すように，正弦波交流起電力 e は，時間 $t=0$ で $\phi = \omega t = 0$ の場合には t 秒後には $\phi = \omega t$ となるので，式 (4.3) で表される。もし，同図 (b) のように $t=0$ で $\phi = \theta_1$ の場合には，t 秒後には $\phi = (\omega t + \theta_1)$ となるので，このときの起電力 e_1 は

(a) $t=0$ で $\phi=0$ の場合

(b) $t=0$ で $\phi=\theta_1$ の場合

(c) $t=0$ で $\phi=-\theta_2$ の場合

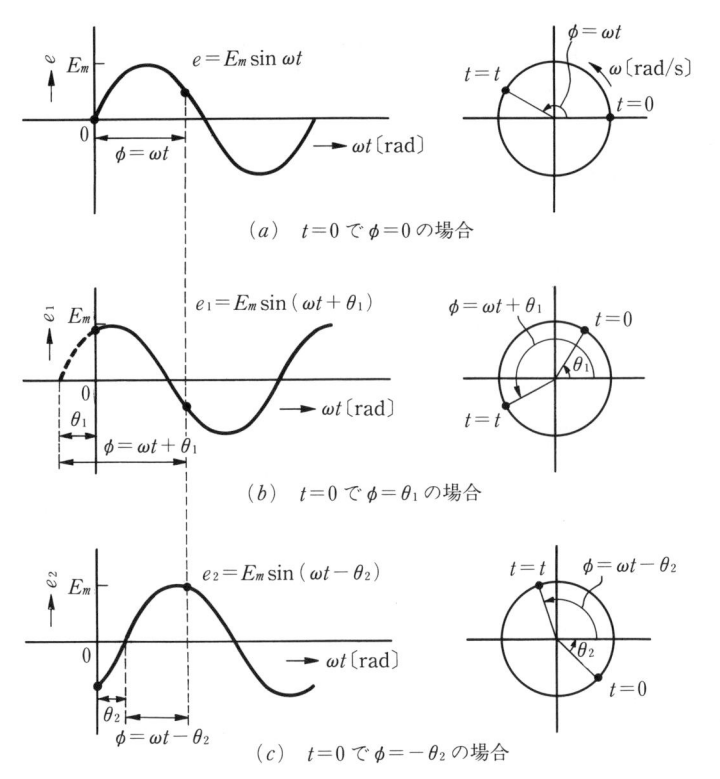

図 4.9 位相による正弦波交流の式の表し方

$$e_1 = E_m \sin(\omega t + \theta_1) \; \text{[V]} \tag{4.7}$$

で表される。また，図 (c) のように $t=0$ で $\phi = -\theta_2$ の場合には，t 秒後には $\phi = (\omega t - \theta_2)$ となるので，このときの起電力 e_2 は

$$e_2 = E_m \sin(\omega t - \theta_2) \; \text{[V]} \tag{4.8}$$

で表される。ここで，ωt, $\omega t + \theta_1$, $\omega t - \theta_2$ をそれぞれ e, e_1, e_2 の任意の時刻における**位相**（phase）または**位相角**（phase angle）という。また，$t=0$ における位相を**初位相**（initial phase）または**初位相角**（initial phase angle）という。

起電力 e, e_1, e_2 を一つのグラフ上に描くと**図 4.10** のようになる。このとき e_1 は e より θ_1 [rad] だけ**位相が進んでいる**といい，e_2 は e より θ_2 [rad] だけ**位相が遅れている**という。ここで，θ_1 や θ_2 などの二つの交流の位相の差を，**位相差**（phase difference）という。また，二つの交流の位相差がない場合には，二つの交流は**同相**（in-phase）であるという。

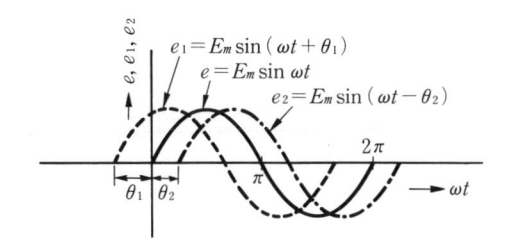

図 4.10 位相差

例題 4.3 $e = 30\sin(\omega t + \pi/3)$ [V] の交流起電力の初位相および位相はいくらか。

【解答】 初位相，位相はそれぞれ

$$\frac{\pi}{3} \; \text{[rad]}, \quad \omega t + \frac{\pi}{3} \; \text{[rad]} \qquad \diamondsuit$$

例題 4.4 $e_1 = 20\sin(\omega t + \pi/4)$ [V] と $e_2 = 15\sin(\omega t - \pi/6)$ [V] の二つの起電力の位相差を求めよ。

【解答】 位相差 θ は

$$\theta = \left(\omega t + \frac{\pi}{4}\right) - \left(\omega t - \frac{\pi}{6}\right) = \frac{\pi}{4} + \frac{\pi}{6} = \frac{5}{12}\pi \ [\text{rad}] \qquad \diamondsuit$$

問 4.5 $i_1 = 100\sin(\omega t + \pi/2)$ [A] と $i_2 = 50\sin(\omega t + \pi/8)$ [A] の二つの電流の位相差を求めよ。また，i_1 と同じ大きさで，位相が $\pi/4$ 遅れている電流 i_3 を表す式を示せ。

4.1.6 平均値と実効値

〔1〕平均値 正弦波交流では，正負が対称なので，波の1周期についての平均を求めると0となってしまう。そこで，図 4.11 に示すように，交流の半周期分の波形を平らに平均化し，その長方形の面積 S_1 が元の半周期分の波形の面積 S と等しいとき，平均化した値を交流の**平均値** (mean value) という。正弦波交流の起電力 e，電流 i および電圧 v の平均値 E_a, I_a, V_a は，最大値 E_m, I_m, V_m と以下の関係がある†。

$$\left. \begin{aligned} E_a &= \frac{2}{\pi} E_m = 0.637 E_m \ [\text{V}] \\ I_a &= \frac{2}{\pi} I_m = 0.637 I_m \ [\text{A}] \\ V_a &= \frac{2}{\pi} V_m = 0.637 V_m \ [\text{V}] \end{aligned} \right\} \qquad (4.9)$$

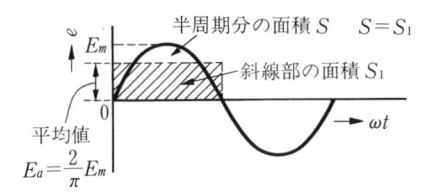

図 4.11 平均値

---

† 交流の平均値は，交流の波を半周期にわたって時間積分し，それを半周期の時間で割ることにより得られる。例えば，正弦波交流起電力 $e = E_m \sin \omega t$ [V] の平均値 E_a は，式 (4.4)，(4.5) より $T = 2\pi/\omega$ の関係を用いると，以下のようになる。

$$E_a = \frac{2}{T}\int_0^{T/2} E_m \sin \omega t \, dt = \frac{\omega}{\pi}\int_0^{\pi/\omega} E_m \sin \omega t \, dt = \frac{\omega}{\pi} E_m \left[-\frac{1}{\omega}\cos \omega t\right]_0^{\pi/\omega} = \frac{2}{\pi} E_m \ [\text{V}]$$

〔2〕 **実効値** 図 4.12 (a) のような直流回路と，同図 (b) のような交流回路において，同じ抵抗 R に発生する熱エネルギーがどちらも等しいとき，その直流電流の値 I を交流電流 i の**実効値** (effective value または root-mean-square value, 略して r.m.s. value) という。すなわち，実効値とは，交流の大きさをその交流と同じ熱エネルギーを生じる直流の値で表したものである。

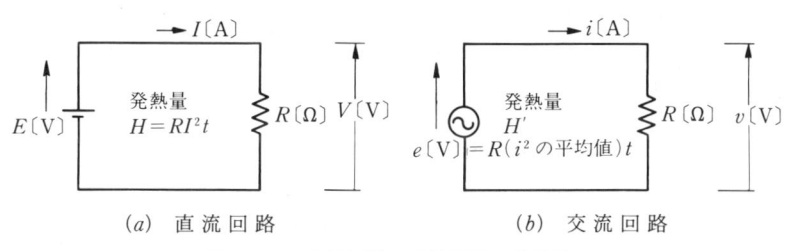

(a) 直流回路　　　　　(b) 交流回路

図 4.12　直流回路と交流回路の発熱量

抵抗 R に電流を t 秒間流したとき，交流回路に発生する熱量 $H = R(i^2\text{の平均値})t$ と，直流回路に発生する熱量 $H' = RI^2 t$ を等しいとおくと

$$R(i^2\text{の平均値})t = RI^2 t$$

となり，電流の実効値 I は次のように表される。

$$I^2 = (i^2\text{の平均値}), \quad \therefore \quad I = (i^2\text{の平均値})^{1/2}$$

起電力や電圧についても同様に定義される。

このように，**交流の実効値は，瞬時値の 2 乗の平均値の平方根**で表される。これを波形で示すと図 4.13 のようになる。正弦波交流の起電力 e，電流 i および電圧 v の実効値 E, I, V は最大値 E_m, I_m, V_m と以下の関係がある[†]。

[†] 例えば，正弦波交流起電力 $e = E_m \sin \omega t$ 〔V〕の実効値 E は，$T = 2\pi/\omega$ の関係を用いると，以下のようになる。

$$E^2 = \frac{2}{T}\int_0^{T/2}(E_m \sin \omega t)^2 dt = \frac{\omega}{\pi}\int_0^{\pi/\omega} E_m^2 \sin^2 \omega t\, dt$$

$$= \frac{\omega}{\pi}\int_0^{\pi/\omega} E_m^2 \frac{1}{2}(1 - \cos 2\omega t)\, dt = \frac{\omega}{2\pi} E_m^2 \left[t - \frac{1}{2\omega}\sin 2\omega t \right]_0^{\pi/\omega} = \frac{1}{2} E_m^2 \text{〔V〕}$$

$$\therefore \quad E = \frac{1}{\sqrt{2}} E_m$$

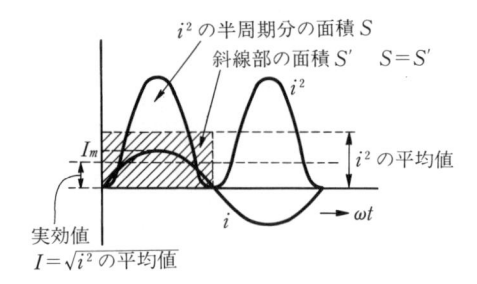

図4.13 実効値

$$E = \frac{1}{\sqrt{2}}E_m = 0.707 E_m \text{ [V]}$$
$$I = \frac{1}{\sqrt{2}}I_m = 0.707 I_m \text{ [A]}$$
$$V = \frac{1}{\sqrt{2}}V_m = 0.707 V_m \text{ [V]}$$
(4.10)

交流の大きさを表すのに，普通は実効値が使われ，電圧計や電流計の目盛りも実効値を指示するようになっている。

例題 4.5 最大値が $100\,\text{V}$ の交流電圧 v の平均値と実効値を求めよ。

【解答】 最大値 $V_m = 100\,\text{V}$ なので，式 (4.9) より v の平均値 V_a は
$$V_a = \frac{2}{\pi}V_m = \frac{2}{\pi} \times 100 = 63.7 \text{ [V]}$$
また，v の実効値 V は式 (4.10) より
$$V = \frac{1}{\sqrt{2}}V_m = \frac{1}{\sqrt{2}} \times 100 = 70.7 \text{ [V]} \qquad \diamondsuit$$

問 4.6 交流電流 $i = 20\sin(\omega t + \pi/2)$ [A] の最大値，平均値，実効値を求めよ。

4.1.7 正弦波交流の合成

図 4.14 の回路において，各負荷に流れる二つの正弦波交流電流 i_1, i_2 [A] の和を求めてみる。このように，二つの交流の和を求めることを，**交流の合成**という。

交流電流 i_1, i_2 [A] は，周波数が等しく，最大値および初位相がそれぞれ I_{1m}, I_{2m} [A] および θ_1, θ_2 [rad] とすると，次のように表せる。

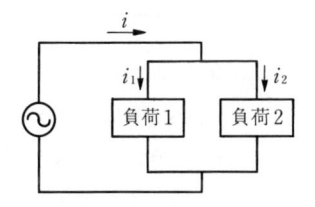

図 4.14 正弦波交流の合成

$$i_1 = I_{1m}\sin(\omega t + \theta_1) \text{ [A]}, \quad i_2 = I_{2m}\sin(\omega t + \theta_2) \text{ [A]} \quad (4.11)$$

これら二つの電流の和は，次のようになる。

$$\begin{aligned}
i = i_1 + i_2 &= I_{1m}\sin(\omega t + \theta_1) + I_{2m}\sin(\omega t + \theta_2) \\
&= I_{1m}(\sin\omega t \cos\theta_1 + \cos\omega t \sin\theta_1) + I_{2m}(\sin\omega t \cos\theta_2 + \cos\omega t \sin\theta_2) \\
&= (I_{1m}\cos\theta_1 + I_{2m}\cos\theta_2)\sin\omega t + (I_{1m}\sin\theta_1 + I_{2m}\sin\theta_2)\cos\omega t \\
&= \sqrt{(I_{1m}\cos\theta_1 + I_{2m}\cos\theta_2)^2 + (I_{1m}\sin\theta_1 + I_{2m}\sin\theta_2)^2}\sin(\omega t + \theta) \\
&= \sqrt{I_{1m}^2 + 2I_{1m}I_{2m}(\cos\theta_1\cos\theta_2 + \sin\theta_1\sin\theta_2) + I_{2m}^2}\sin(\omega t + \theta) \\
&= \sqrt{I_{1m}^2 + 2I_{1m}I_{2m}\cos(\theta_1 - \theta_2) + I_{2m}^2}\sin(\omega t + \theta) \\
&= I\sin(\omega t + \theta) \quad (4.12)
\end{aligned}$$

ここで

$$I = \sqrt{I_{1m}^2 + 2I_{1m}I_{2m}\cos(\theta_1 - \theta_2) + I_{2m}^2}, \quad \theta = \tan^{-1}\frac{I_{1m}\sin\theta_1 + I_{2m}\sin\theta_2}{I_{1m}\cos\theta_1 + I_{2m}\cos\theta_2}$$

である[†]。

　式 (4.12) より，周波数が等しい二つの交流電流を合成すると，周波数が同じで，最大値と位相差が異なる交流電流になることがわかる。交流起電力および電圧についても，交流電流と同じ結果が得られる。

[†] 式 (4.12) を求める際に以下の三角関数の公式を用いた。

$$\sin(A + B) = \sin A \cos B + \cos A \sin B$$

$$a\cos A + b\sin B = \sqrt{a^2 + b^2}\sin\left(A + \tan^{-1}\frac{a}{b}\right)$$

$$\cos(A - B) = \cos A \cos B + \sin A \sin B$$

118　4. 交 流 回 路

コーヒーブレイク

単位に名を残した人物　　**ヘルツ**（Heinrich Rudolf Hertz, 1857～1894）

　ドイツの物理学者。1857年2月22日ハンブルクの裕福で教養のある家庭に生まれた。1878年，ベルリン大学のヘルムホルツの下で研究を始め，3年間研究を続けた。その後キール大学へ移り，1885年カールスエール工科大学の物理学教授となり，1889年にボン大学の物理学教授に就任した。

　ヘルツは，マクスウェルの電磁気理論に関心をもち，実験によりマクスウェル方程式の妥当性を実証した。また，誘導コイルの付いた回路を用いて電気振動を発生させる実験に成功し，電磁波が光のように反射・屈折・回折し，光と同じ速度で進むことを示し，マクスウェル理論による電磁波存在の予言を証明した。

　周波数の単位ヘルツ（Hz）は，彼の名前によるものである。

4.2　交流波のベクトル表示

4.2.1　ベクトルの極座標表示

　〔**1**〕**ベクトルとベクトル量**　　質量，長さ，温度などは，大きさだけでそのものの量を表すことができる。このような量を**スカラ量**（scalar quantity）という。これに対して，力，速度などは，大きさだけでなく方向も考えなくてはならない。このように，大きさと向きをもつものを**ベクトル**（vector）といい，ベクトルで表される量を**ベクトル量**（vector quantity）という。

　図4.15のように，線分OAにOからAに向かう方向に矢印を付けたとき，点Oを始点，点Aを終点といい，線分OAの長さでベクトルの大きさを表し，矢印の向きでベクトルの方向を表す。このような図をベクトル図という。

O（始点）　$\dot{a}$　A（終点）

図4.15　ベクトル図

4.2 交流波のベクトル表示

　一般に，ベクトルを表すには，$\overrightarrow{OA}$ や $\vec{a}$，$\boldsymbol{a}$ などの記号を用いるが，交流では，文字の上に・(ドット)をつけて $\dot{a}$ という記号を用いることが多い。また，ベクトル $\dot{a}$ の大きさを $|\dot{a}|$，または単に a と表す。

　二つのベクトル，$\dot{a}$，$\dot{b}$ の和のベクトル $\dot{c}=\dot{a}+\dot{b}$ は，図 4.16 (a) のように，ベクトル $\dot{a}$，$\dot{b}$ を2辺とする平行四辺形をつくり，始点から対角線を引くことにより求められる。また，$\dot{b}$ を平行移動して，$\dot{a}$ の終点と $\dot{b}$ の始点を合わせ，$\dot{a}$ の始点から $\dot{b}$ の終点まで線を引くことにより求めてもよい。

(a)　$\dot{c}=\dot{a}+\dot{b}$　　　　(b)　$\dot{c}'=\dot{a}-\dot{b}$

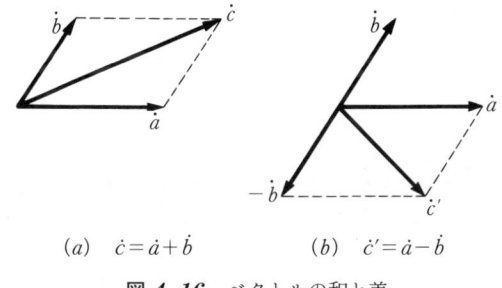

図 4.16　ベクトルの和と差

　一方，$\dot{a}$，$\dot{b}$ の差のベクトル $\dot{c}'=\dot{a}-\dot{b}$ は，同図 (b) のように，$\dot{b}$ と大きさが等しく方向が逆のベクトル $(-\dot{b})$ を描き，$\dot{a}$ と $(-\dot{b})$ とのベクトル和を求めればよい。

〔2〕　**ベクトルの極座標表示**　　図 4.17 (a) に示すように，直交座標上にベクトル $\dot{r}=\overrightarrow{OP}$ があるとき，点Pの位置は，x と y との組みで $P(x, y)$

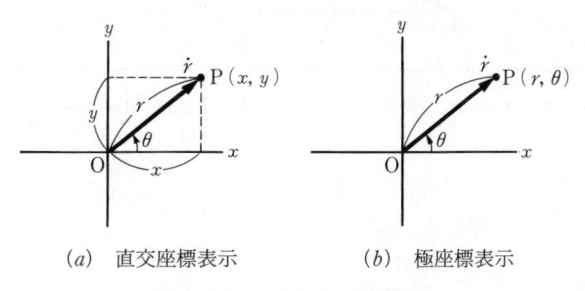

(a)　直交座標表示　　　　(b)　極座標表示

図 4.17　ベクトルの座標表示

と表すことができる。

一方，ベクトル $\dot{r}$ を表すのに，同図 (b) のように線分 OP の長さ r と x 軸と OP のなす角 θ との組みで，P(r, θ) と表す方法がある。このように，ベクトルをその大きさ r と角度 θ で表すような座標を**極座標** (polar coordinates)，極座標によるベクトルの表示を**極座標表示**といい，長さ r を点 P の**動径**，角度 θ を**傾角**という。

図 4.17 より，極座標 P(r, θ) と直交座標 P(x, y) の間には，次のような関係があることがわかる。

$$x = r\cos\theta, \quad y = r\sin\theta \qquad (4.13)$$

$$r = \sqrt{x^2 + y^2}, \quad \theta = \tan^{-1}\frac{y}{x} \qquad (4.14)$$

ここで，θ は反時計回りを正とする。図 4.17 (b) に示すように，線分 OP の長さ r と x 軸からの角度 θ とで決まるベクトル $\overrightarrow{\mathrm{OP}}$ を，極座標表示では次のように表す。

$$\overrightarrow{\mathrm{OP}} = r\angle\theta \qquad (4.15)$$

例題 4.6 図 4.18 に示す二つのベクトル $\dot{E}_1$, $\dot{E}_2$ の和のベクトル $\dot{E} = \dot{E}_1 + \dot{E}_2$，および差のベクトル $\dot{E}' = \dot{E}_1 - \dot{E}_2$ をそれぞれ図示せよ。

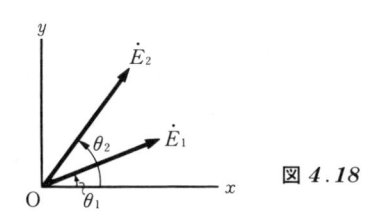

図 4.18

【**解答**】 和のベクトル $\dot{E}$，差のベクトル $\dot{E}'$ はそれぞれ図 4.19 のようになる。 ◇

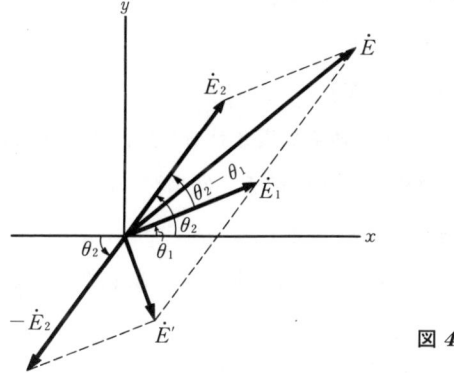

図 **4.19**

4.2.2 交流波のベクトル表示

一般に，最大値が E_m，角周波数が ω，初位相が θ の正弦波交流起電力 e は，次の式で与えられる．

$$e = E_m \sin(\omega t + \theta) \ [\text{V}] \tag{4.16}$$

このように，起電力 e は最大値 E_m と位相 $\phi = \omega t + \theta$ とで決まるので，**図 4.20** (a) に示すように，動径が E_m，傾角が $\omega t + \theta$ で，時間とともに反時計方向に角速度 ω で回転するベクトル $\dot{E}_m = E_m \angle (\omega t + \theta)$ で表すことができる．このようなベクトルを**回転ベクトル**という．このとき，起電力 e を ωt に対して描くと，同図 (b) のように正弦曲線となる．

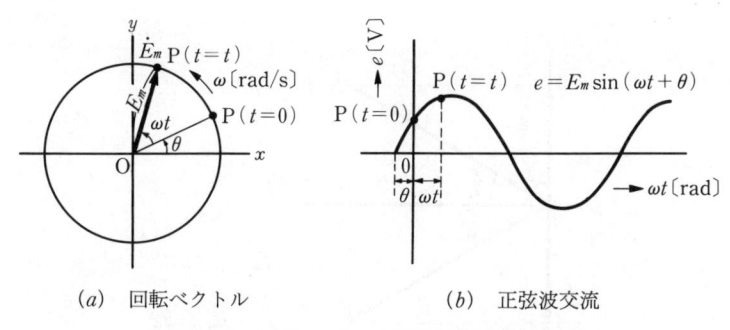

(a) 回転ベクトル　　　　(b) 正弦波交流

図 **4.20** 回転ベクトルと正弦波交流の瞬時値

最大値 E_m と実効値 E との関係 $E_m = \sqrt{2}E$ を用いると，式 (4.16) を次のように表すことができる．

$$e = \sqrt{2}E\sin(\omega t + \theta) \quad [\text{V}] \tag{4.17}$$

一般に，交流の大きさは実効値で表されるので，正弦波交流起電力は，図 **4.21** のように，大きさが e の実効値 E，傾角が e の位相 $\phi = \omega t + \theta$ であるようなベクトル $\dot{E}$ で表すことができる．

正弦波交流の電流や電圧についても，同じようにベクトルで表示する．

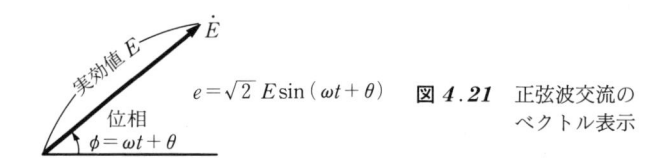

図 **4.21** 正弦波交流のベクトル表示

例題 4.7 瞬時値が $e_1 = \sqrt{6}\sin\omega t$ [V]，$e_2 = \sqrt{2}\sin(\omega t + \pi/2)$ [V] の交流起電力のベクトル $\dot{E}_1$，$\dot{E}_2$ を，$\dot{E}_1$ を基準として図示せよ．また，これらの和のベクトル $\dot{E}$ および差のベクトル $\dot{E}'$ を図示し，これらの実効値および位相角を求めよ．

【解答】 $e_1 = \sqrt{6}\sin\omega t = \sqrt{2}\sqrt{3}\sin\omega t$ [V] より e_1 の実効値は $\sqrt{3}$ V，また e_2 の実効値は 1 V で，$\dot{E}_1$ を基準とすると，$\dot{E}_2$ は $\pi/2$ rad 位相が進んでいるので，ベクトル $\dot{E}_1$，$\dot{E}_2$，およびこれらの和のベクトル $\dot{E}$，差のベクトル $\dot{E}'$ は図 **4.22** のようにな

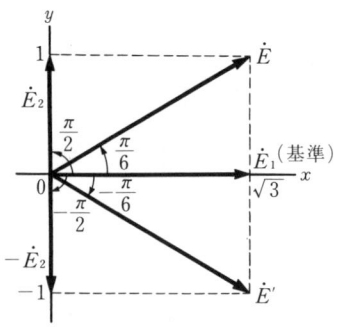

図 **4.22**

る。これより，$\dot{E}$，$\dot{E}'$ の実効値および位相角はそれぞれ

$\dot{E}$ の実効値 $E=\sqrt{(\sqrt{3})^2+1^2}=\sqrt{4}=2$ 〔V〕, $\dot{E}$ の位相角$=\omega t+\pi/6$ 〔rad〕

$\dot{E}'$ の実効値 $E'=\sqrt{(\sqrt{3})^2+(-1)^2}=\sqrt{4}=2$ 〔V〕, $\dot{E}'$ の位相角$=\omega t-\pi/6$ 〔rad〕

> 問 **4.7** 大きさが10で，基準となる電流 $i=20\sin\omega t$ 〔A〕より $\pi/3$ rad 位相が進んだ電流の瞬時値 i' を表す式を求めよ。また，i' のベクトル $\dot{I}'$ を i のベクトル $\dot{I}$ を基準として図示せよ。

4.3 交流の基本回路

4.3.1 抵抗 R のみの回路

図 **4.23** のように，抵抗 R 〔Ω〕を接続した回路に正弦波交流起電力

$$e=\sqrt{2}E\sin\omega t \text{ 〔V〕} \tag{4.18}$$

を加えると，抵抗 R の両端には，次のように起電力 e 〔V〕と同じ電圧 v 〔V〕が生じる。

$$v=\sqrt{2}V\sin\omega t \text{ 〔V〕} \tag{4.19}$$

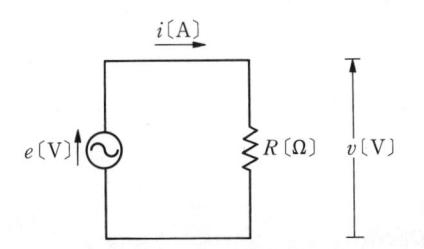

ここで，$V=E$ である。

図 4.23 抵抗 R のみの回路

このとき，回路に流れる電流 i 〔A〕は，オームの法則より

$$i=\frac{v}{R}=\frac{\sqrt{2}V\sin\omega t}{R}=\sqrt{2}I\sin\omega t \text{ 〔A〕} \tag{4.20}$$

となる。ここで

$$I=\frac{V}{R} \tag{4.21}$$

である。

式 (4.19), (4.20) より, 電圧と電流は同相であることがわかる。これをベクトル図と波形で描くと, それぞれ図 4.24 (a), (b) のようになる。

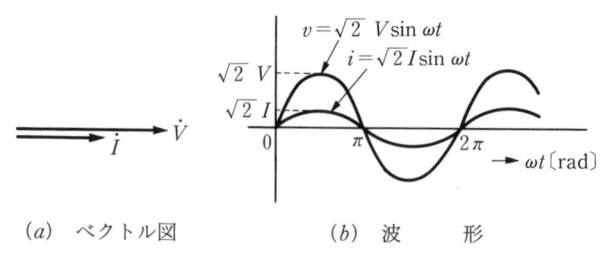

(a) ベクトル図　　(b) 波形

図 4.24　抵抗 R のみの回路のベクトル図と波形

例題 4.8　100 Ω の抵抗に $v = 500\sqrt{2}\sin 10\pi t$ 〔V〕の電圧を加えたとき, 抵抗に流れる電流 i と i の実効値を求めよ。

【解答】　電流 i は, 式 (4.20) より

$$i = \frac{v}{R} = \frac{500\sqrt{2}\sin 10\pi t}{100} = 5\sqrt{2}\sin 10\pi t \text{〔A〕}$$

電流 i の実効値 I は, 電流 i の最大値 $I_m = 5\sqrt{2}$ を $\sqrt{2}$ で割って

$$I = \frac{I_m}{\sqrt{2}} = \frac{5\sqrt{2}}{\sqrt{2}} = 5 \text{〔A〕} \qquad \diamond$$

問 **4.8**　1 kΩ の抵抗に交流電圧を加えたら, 抵抗に $i = 2\sqrt{2}\sin 5\pi t$ 〔A〕の電流が流れた。加えた電圧と電圧の実効値を求めよ。また, 時間 $t = 1/10$ s での電圧の瞬時値はいくらか。

4.3.2　インダクタンス L のみの回路

図 4.25 のように, 自己インダクタンス L 〔H〕のコイルを接続した回路に, 正弦波交流起電力 e 〔V〕を加えたとき, 回路に電流

$$i = \sqrt{2}I\sin \omega t \text{〔A〕} \qquad (4.22)$$

が流れたとすると, この電流 i は時間とともに変化するので, コイルに自己誘導起電力 e' 〔V〕が生じる。

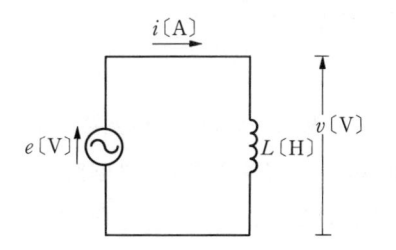

図 4.25 インダクタンス L のみの回路

$$e' = -L\frac{\Delta i}{\Delta t} \text{ [V]} \quad (4.23)$$

ここで，**図 4.25** の回路にキルヒホッフの第 2 法則を適用すると，起電力は電源の起電力 e と自己誘導による起電力 e' との和であり，抵抗による電圧降下 $=0$ なので

$$e + e' = 0 \quad (4.24)$$

となる。ここで，コイル L の両端の電圧 v [V] は電源の起電力 e と等しく，$v = e$ であるので，電圧 v [V] は式 (4.23)，(4.24) より次のようになる。

$$v = e = -e' = L\frac{\Delta i}{\Delta t} \text{ [V]} \quad (4.25)$$

ここで，ある時刻 t での電流を $i(t) = \sqrt{2}I \sin \omega t$ [A] とすると，微小時間 Δt 後の時刻 $t + \Delta t$ での電流 $i(t + \Delta t)$ は

$$\begin{aligned}
i(t+\Delta t) &= \sqrt{2}I \sin \omega(t+\Delta t) \\
&= \sqrt{2}I(\sin \omega t \cos \omega \Delta t + \cos \omega t \sin \omega \Delta t) \\
&= \sqrt{2}I(\sin \omega t + \omega \Delta t \cos \omega t) \text{ [A]} \quad (4.26)
\end{aligned}$$

で与えられる。ここで，$\Delta t \ll 1$ より，$\cos \omega \Delta t \fallingdotseq 1$，$\sin \omega \Delta t \fallingdotseq \omega \Delta t$ を用いた。したがって，式 (4.25)，(4.26) より電圧 v は次のようになる。

$$\begin{aligned}
v &= L\frac{\Delta i}{\Delta t} = L\frac{i(t+\Delta t) - i(t)}{\Delta t} \\
&= L\frac{\sqrt{2}I(\sin \omega t + \omega \Delta t \cos \omega t) - \sqrt{2}I \sin \omega t}{\Delta t} \\
&= L\frac{\sqrt{2}I\omega \Delta t \cos \omega t}{\Delta t} = \sqrt{2}\omega L I \cos \omega t
\end{aligned}$$

$$= \sqrt{2}\omega LI \sin\left(\omega t + \frac{\pi}{2}\right) = \sqrt{2} V \sin\left(\omega t + \frac{\pi}{2}\right) \text{(V)} \qquad (4.27)$$

ここで，$V=\omega LI$ である。

式 (4.22)，(4.27) より，電圧 v は電流 i より位相が $\pi/2$ 〔rad〕進んだ正弦波電圧となることがわかる。すなわち，**インダクタンス回路では，電流 i は電圧 v より $\pi/2$ 〔rad〕だけ位相が遅れる**。これをベクトル図と波形で描くと，それぞれ図 **4.26** (a)，(b) のようになる。

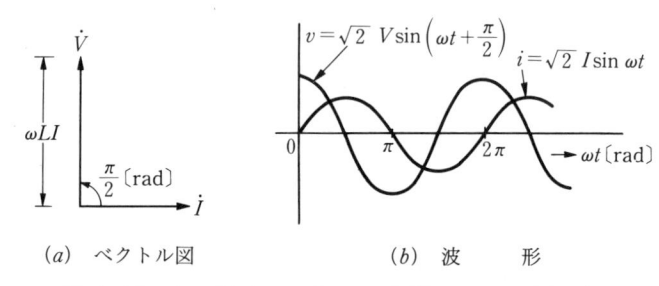

(a) ベクトル図　　　　(b) 波形

図 **4.26** インダクタンス L のみの回路のベクトル図と波形

ここで，電圧の実効値 V 〔V〕と電流の実効値 I 〔A〕の間には次の関係がある。

$$V = \omega LI \qquad (4.28)$$

式 (4.28) は

$$I = \frac{V}{\omega L} \qquad (4.29)$$

と表すことができる。このように，ωL は抵抗のように電流の流れを妨げる働きをすることがわかる。この ωL を**誘導リアクタンス** (inductive reactance) といい，記号 X_L で表し，単位には抵抗と同じくオーム（Ω）を用いる。X_L は次の式で表される。

$$X_L = \omega L = 2\pi f L \text{ 〔Ω〕} \qquad (4.30)$$

式 (4.30) からわかるように，誘導リアクタンス X_L は周波数 f に比例するので，回路に流れる電流 I は周波数 f が大きいほど小さくなる。

例題 4.9 図 4.25 の回路において,電源の起電力 e が 100 V,周波数 f が 50 Hz,インダクタンス L が 20 mH のとき,誘導リアクタンス X_L および回路に流れる電流 I を求めよ。

【解答】 誘導リアクタンス X_L は,式 (4.30) より
$$X_L = 2\pi f L = 2\pi \times 50 \times 20 \times 10^{-3} = 2\pi = 6.28 \ [\Omega]$$
電流 I は,式 (4.29) より
$$I = \frac{V}{X_L} = \frac{100}{6.28} = 15.9 \ [\text{A}] \qquad \diamondsuit$$

問 4.9 あるコイルに 100 V,50 Hz の電圧を加えたとき,20 A の電流が流れた。コイルのインダクタンスはいくらか。

問 4.10 インダクタンスが 10 mH のコイルに,周波数が 50 Hz,60 Hz の電圧を加えたとき,誘導リアクタンスはそれぞれいくらか。

4.3.3 静電容量 C のみの回路

図 4.27 のように,静電容量が C [F] のコンデンサを接続した回路に,式 (4.18) で与えられる正弦波交流起電力 $e = \sqrt{2}E \sin \omega t$ [V] を加えたとき,コンデンサの両端には,次のように起電力 e [V] と同じ電圧 v [V] が生じる。
$$v = \sqrt{2} V \sin \omega t \ [\text{V}] \tag{4.31}$$
ここで,$V = E$ である。

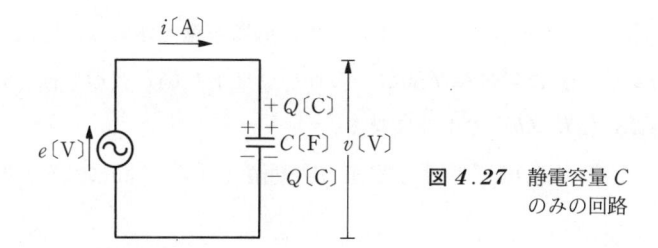

図 4.27 静電容量 C のみの回路

このとき,コンデンサには,式 (3.12) より次の電荷 q [C] が蓄えられる。
$$q = Cv = \sqrt{2} CV \sin \omega t \ [\text{C}] \tag{4.32}$$
また,電流 i は電荷 q の時間変化により表されるので,回路に流れる電流

i〔A〕は

$$i = \frac{\Delta q}{\Delta t} = C\frac{\Delta v}{\Delta t} \quad \text{〔C〕} \tag{4.33}$$

となる。ここで，$\Delta q = C\Delta v$ を用いた。

いま，ある時刻 t での電荷を $q(t) = \sqrt{2}CV\sin\omega t$ 〔C〕とすると，微小時間 Δt 後の時刻 $t+\Delta t$ での電荷 $q(t+\Delta t)$ は

$$\begin{aligned}
q(t+\Delta t) &= \sqrt{2}CV\sin\omega(t+\Delta t) \\
&= \sqrt{2}CV(\sin\omega t \cos\omega\Delta t + \cos\omega t \sin\omega\Delta t) \\
&= \sqrt{2}CV(\sin\omega t + \omega\Delta t \cos\omega t) \quad \text{〔C〕}
\end{aligned} \tag{4.34}$$

で与えられる。ここで，$\Delta t \ll 1$ より，$\cos\omega\Delta t \fallingdotseq 1$，$\sin\omega\Delta t \fallingdotseq \omega\Delta t$ を用いた。したがって，式 (4.33)，(4.34) より電流 i は次のようになる。

$$\begin{aligned}
i &= \frac{\Delta q}{\Delta t} = \frac{q(t+\Delta t) - q(t)}{\Delta t} \\
&= \frac{\sqrt{2}CV(\sin\omega t + \omega\Delta t \cos\omega t) - \sqrt{2}CV\sin\omega t}{\Delta t} \\
&= \frac{\sqrt{2}CV\omega\Delta t \cos\omega t}{\Delta t} = \sqrt{2}CV\omega\cos\omega t \\
&= \sqrt{2}CV\omega\sin\left(\omega t + \frac{\pi}{2}\right) = \sqrt{2}I\sin\left(\omega t + \frac{\pi}{2}\right)
\end{aligned} \tag{4.35}$$

ここで，$I = \omega CV$ である。

式 (4.31)，(4.35) より，電流 i は電圧 v より位相が $\pi/2$ 〔rad〕進んだ正弦波電流となることがわかる。すなわち，**静電容量回路では，電流 i は電圧 v より $\pi/2$ 〔rad〕だけ位相が進む**。これをベクトル図と波形で描くと，それぞれ図 **4.28** (a)，(b) のようになる。

ここで，電流の実効値 I〔A〕と電圧の実効値 V〔V〕の間には次の関係がある。

$$I = \omega CV \tag{4.36}$$

式 (4.36) は

(a) ベクトル図　　　(b) 波　形

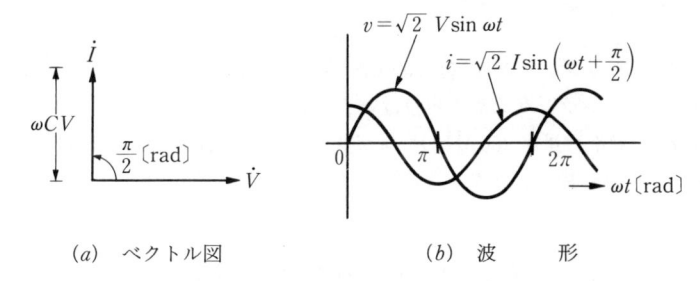

図 4.28 静電容量 C のみの回路のベクトル図と波形

$$I = \frac{V}{\dfrac{1}{\omega C}} \qquad (4.37)$$

と表すことができる。このように，$1/(\omega C)$ は抵抗のように電流の流れを妨げる働きをすることがわかる。この $1/(\omega C)$ を**容量リアクタンス**（capacitive reactance）といい，記号 X_C で表し，単位にはオーム（Ω）を用いる。X_C は，次の式で表される。

$$X_C = \frac{1}{\omega C} = \frac{1}{2\pi f C} \ [\Omega] \qquad (4.38)$$

式 (4.38) からわかるように，容量リアクタンス X_C は周波数 f に反比例するので，回路に流れる電流 I は周波数 f が大きいほど大きくなる。逆に，周波数 f が小さいほど電流は小さくなり，$f = 0$ の極限である直流回路では，$X_C = \infty$ となり電流は流れない。つまり，直流回路ではコンデンサに電流は流れない。

例題 4.10　図 4.27 の回路において，電源の起電力 e が 200 V，周波数 f が 50 Hz，静電容量 C が 100 μF のとき，容量リアクタンス X_C および回路に流れる電流 I を求めよ。

【解答】　容量リアクタンス X_C は，式 (4.38) より

$$X_C = \frac{1}{2\pi f C} = \frac{1}{2\pi \times 50 \times 100 \times 10^{-6}} = \frac{10^2}{\pi} = 31.8 \ [\Omega]$$

電流 I は，式 (4.37) より

$$I = \frac{V}{X_C} = \frac{200}{31.8} = 6.29 \text{ [A]}$$ ◇

問 4.11 あるコンデンサに，100 V，5 kHz の電圧を加えたとき，20 A の電流が流れた。コンデンサの静電容量はいくらか。

問 4.12 静電容量が 200 μF のコンデンサに，周波数が 50 Hz，60 Hz の電圧を加えたとき，容量リアクタンスはそれぞれいくらか。

4.4 いろいろな交流回路

ここで，抵抗 R，自己インダクタンス L，静電容量 C が二つ以上組み合わさった回路の電圧と電流の関係について調べる。

4.4.1 R-L 直列回路

図 4.29 のように，抵抗 R [Ω] と自己インダクタンス L [H] のコイルを直列に接続した R-L 直列回路に，角周波数が ω [rad/s] の正弦波交流電圧 v [V] を加え，電流 i [A] が流れている場合を考える。

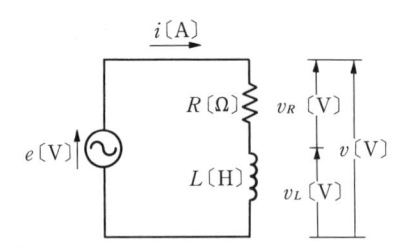

図 4.29 R-L 直列回路

式 (4.21) より，抵抗 R に生じる電圧の実効値 V_R [V] は，電流の実効値を I [A] とすると

$$V_R = RI \text{ [V]} \tag{4.39}$$

で与えられる。ここで，ベクトル $\dot{V}_R$ と $\dot{I}$ は同相である。また，コイルに生じる電圧の実効値 V_L [V] は，式 (4.28) より

$$V_L = \omega L I = X_L I \text{ [V]} \tag{4.40}$$

4.4 いろいろな交流回路

で与えられる。ここで,ベクトル $\dot{V}_L$ は $\dot{I}$ より $\pi/2$ 〔rad〕だけ位相が進んでいる。

回路に加わる全電圧のベクトル $\dot{V}$ は,図 4.30 (a) に示すように $\dot{V}_R$ と $\dot{V}_L$ のベクトル和により

$$\dot{V} = \dot{V}_R + \dot{V}_L \tag{4.41}$$

となるので,全電圧の実効値 V は

$$V = \sqrt{V_R{}^2 + V_L{}^2} = \sqrt{(RI)^2 + (\omega LI)^2} = I\sqrt{R^2 + (\omega L)^2} \text{ 〔V〕} \tag{4.42}$$

となる。これより,I と V の間には次のような関係がある。

$$I = \frac{V}{\sqrt{R^2 + (\omega L)^2}} \tag{4.43}$$

(a) ベクトル図 　　(b) インピーダンス三角形

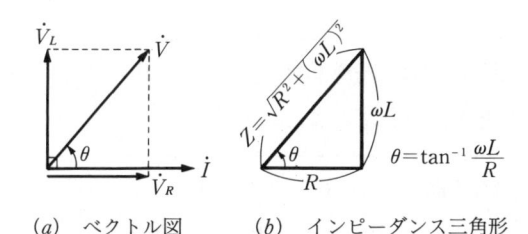

図 4.30 　R-L 直列回路のベクトル図とインピーダンス三角形

一般に,ベクトル図を描く場合,直列回路では電流,並列回路では電圧を基準とするとよい。

ここで,V/I を**インピーダンス** (impedance) といい,交流回路において電流の流れを妨げる働きをする。インピーダンスは記号 Z で表し,単位にオーム (Ω) を用いる。したがって,R-L 直列回路のインピーダンス Z は

$$Z = \frac{V}{I} = \sqrt{R^2 + (\omega L)^2} \text{ 〔Ω〕} \tag{4.44}$$

となる。

また,電流 I と電圧 V の位相差 θ を**インピーダンス角** (impedance angle) という。R-L 直列回路のインピーダンス角は

$$\theta = \tan^{-1}\frac{V_L}{V_R} = \tan^{-1}\frac{\omega L}{R} \tag{4.45}$$

となる。なお、式(4.44),(4.45)の関係を図**4.30**(b)のような三角形で表したものを**直列回路のインピーダンス三角形**といい、これらの関係を覚えるのに便利である。

例題 4.11 抵抗が $100\,\Omega$、誘導リアクタンスが $100\,\Omega$ の R-L 直列回路のインピーダンス Z およびインピーダンス角 θ を求めよ。

【解答】 インピーダンス Z は、式(4.44)より

$$Z = \sqrt{R^2 + (\omega L)^2} = \sqrt{R^2 + X_L^2}$$
$$= \sqrt{100^2 + 100^2} = \sqrt{2 \times 10^4} = 10^2\sqrt{2} = 1.41 \times 10^2 \,[\Omega]$$

インピーダンス角 θ は、式(4.45)より

$$\theta = \tan^{-1}\frac{\omega L}{R} = \tan^{-1}\frac{X_L}{R} = \tan^{-1}\frac{100}{100} = \tan^{-1}1 = 45° = \frac{\pi}{4} \,[\text{rad}] \qquad \diamondsuit$$

例題 4.12 抵抗が $12\,\Omega$、誘導リアクタンスが $16\,\Omega$ の R-L 直列回路に $100\,\text{V}$ の電圧を加えたとき、流れる電流はいくらか。

【解答】 回路に流れる電流 I は、式(4.43)より

$$I = \frac{V}{\sqrt{R^2 + (\omega L)^2}} = \frac{V}{\sqrt{R^2 + X_L^2}} = \frac{100}{\sqrt{12^2 + 16^2}} = \frac{100}{\sqrt{400}} = 5 \,[\text{A}] \qquad \diamondsuit$$

|問| **4.13** 抵抗が $20\,\Omega$、自己インダクタンスが $100\,\text{mH}$ の R-L 直列回路に $50\,\text{Hz}$ の交流電圧を加えたときのインピーダンスを求めよ。

4.4.2 R-C 直列回路

図**4.31**のように、抵抗 $R\,[\Omega]$ と静電容量 $C\,[\text{F}]$ のコンデンサを直列に接続した R-C 直列回路に、角周波数 $\omega\,[\text{rad/s}]$ の正弦波交流電圧 $v\,[\text{V}]$ を

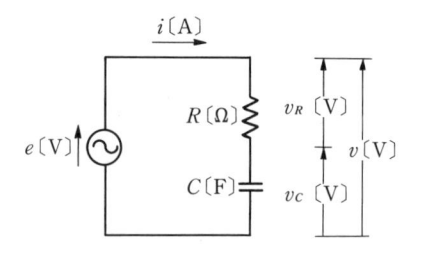

図**4.31** R-C 直列回路

4.4 いろいろな交流回路   133

加え，電流 i〔A〕が流れている場合を考える．

抵抗 R に生じる電圧の実効値 V_R〔V〕は，電流の実効値を I〔A〕とすると

$$V_R = RI \ 〔V〕 \tag{4.46}$$

で与えられ，ベクトル $\dot{V}_R$ と $\dot{I}$ は同相である．また，コンデンサの端子電圧の実効値 V_C〔V〕は式（4.36）より

$$V_C = \frac{I}{\omega C} = X_C I \ 〔V〕 \tag{4.47}$$

で与えられ，ベクトル $\dot{V}_C$ は $\dot{I}$ より $\pi/2$〔rad〕だけ位相が遅れている．

回路に加わる全電圧のベクトル $\dot{V}$ は，図 4.32 (a) に示すように $\dot{V}_R$ と $\dot{V}_C$ のベクトル和により

$$\dot{V} = \dot{V}_R + \dot{V}_C \tag{4.48}$$

となるので，全電圧の実効値 V は

$$V = \sqrt{V_R^2 + V_C^2} = \sqrt{(RI)^2 + \left(\frac{I}{\omega C}\right)^2} = I\sqrt{R^2 + \left(\frac{1}{\omega C}\right)^2} \ 〔V〕 \tag{4.49}$$

となる．これより，I と V の間には次のような関係がある．

$$I = \frac{V}{\sqrt{R^2 + \left(\frac{1}{\omega C}\right)^2}} \tag{4.50}$$

したがって，R-C 直列回路のインピーダンス Z は

$$Z = \frac{V}{I} = \sqrt{R^2 + \left(\frac{1}{\omega C}\right)^2} \ 〔\Omega〕 \tag{4.51}$$

となる．また，R-L 直列回路のインピーダンス角 θ は

(a) ベクトル図   (b) インピーダンス三角形

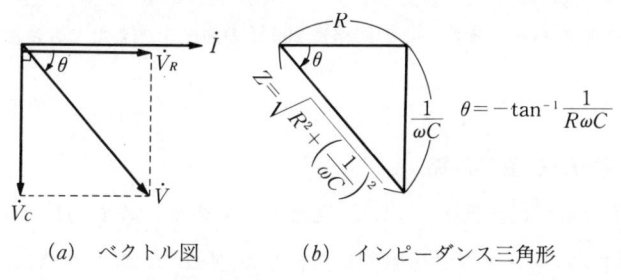

図 4.32 R-C 直列回路のベクトル図とインピーダンス三角形

$$\theta = \tan^{-1}\frac{-V_C}{V_R} = \tan^{-1}\frac{-\frac{1}{\omega C}}{R} = -\tan^{-1}\frac{1}{\omega CR} \qquad (4.52)$$

となる．ここで，インピーダンス三角形は図 $4.32(b)$ のようになる．

例題 4.13 抵抗が $5\,\Omega$，容量リアクタンスが $5\sqrt{3}\,\Omega$ の R-C 直列回路のインピーダンス Z およびインピーダンス角 θ を求めよ．

【解答】 インピーダンス Z は，式 (4.51) より

$$Z = \sqrt{R^2 + \left(\frac{1}{\omega C}\right)^2} = \sqrt{R^2 + X_C^2} = \sqrt{5^2 + (5\sqrt{3})^2} = \sqrt{25+75} = 10 \,[\Omega]$$

インピーダンス角 θ は，式 (4.52) より

$$\theta = -\tan^{-1}\frac{1}{\omega CR} = -\tan^{-1}\frac{X_C}{R}$$
$$= -\tan^{-1}\frac{5\sqrt{3}}{5} = -\tan^{-1}\sqrt{3} = -60° = -\frac{\pi}{3}\,[\text{rad}] \qquad \diamondsuit$$

例題 4.14 抵抗が $20\,\Omega$，静電容量が $100\,\mu\text{F}$ の R-C 直列回路に $50\,\text{Hz}$，$100\,\text{V}$ の電圧を加えたとき，回路に流れる電流はいくらか．

【解答】 回路に流れる電流 I は，式 (4.50) より

$$I = \frac{V}{\sqrt{R^2 + \left(\frac{1}{\omega C}\right)^2}} = \frac{V}{\sqrt{R^2 + \left(\frac{1}{2\pi f C}\right)^2}}$$
$$= \frac{100}{\sqrt{20^2 + \left(\frac{1}{2\pi \times 50 \times 100 \times 10^{-6}}\right)^2}} = \frac{100}{\sqrt{1\,413.2}} = \frac{100}{37.6} = 2.66\,[\text{A}] \qquad \diamondsuit$$

問 4.14 抵抗が $15\,\Omega$，容量リアクタンスが $20\,\Omega$ の R-C 直列回路のインピーダンスはいくらか．また，この回路に $200\,\text{V}$ の電圧を加えたときに流れる電流を求めよ．

4.4.3 R-L-C 直列回路

図 4.33 のように，抵抗 $R\,[\Omega]$，自己インダクタンス $L\,[\text{H}]$ のコイル，静電容量 $C\,[\text{F}]$ のコンデンサを直列に接続した R-L-C 直列回路に，角周波数が $\omega\,[\text{rad/s}]$ の正弦波交流電圧 $v\,[\text{V}]$ を加え，電流 $i\,[\text{A}]$ が流れている場合

図 4.33 R-L-C 直列回路

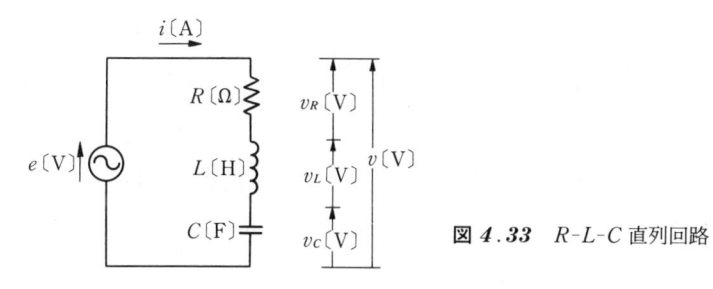

を考える。

R, L, C の両端に生じる電圧の実効値 V_R, V_L, V_C 〔V〕は，電流の実効値を I 〔A〕とすると，すでに述べたように

$$V_R = RI \text{〔V〕}, \quad V_L = \omega L I = X_L I \text{〔V〕}, \quad V_C = \frac{I}{\omega C} = X_C I \text{〔V〕}$$
(4.53)

となる。ここで，ベクトル $\dot{V}_R$ と $\dot{I}$ は同相，$\dot{V}_L$ は $\dot{I}$ より $\pi/2$ 〔rad〕だけ位相が進んでおり，$\dot{V}_C$ は $\dot{I}$ より $\pi/2$ 〔rad〕だけ位相が遅れている。よって，回路に加わる全電圧のベクトル $\dot{V}$ は，$\dot{V}_R$, $\dot{V}_L$, $\dot{V}_C$ のベクトル和により

$$\dot{V} = \dot{V}_R + \dot{V}_L + \dot{V}_C$$
(4.54)

となる。ここで，$\dot{V}_L$ は $\dot{V}_C$ より π 〔rad〕だけ位相が進むので，全電圧の実効値 V は

$$V = \sqrt{V_R^2 + (V_L - V_C)^2} = \sqrt{(RI)^2 + \left(\omega L I - \frac{I}{\omega C}\right)^2}$$
$$= I\sqrt{R^2 + \left(\omega L - \frac{1}{\omega C}\right)^2} = I\sqrt{R^2 + (X_L - X_C)^2} \text{〔V〕}$$
(4.55)

となる。これより，I と V の間には次のような関係がある。

$$I = \frac{V}{\sqrt{R^2 + \left(\omega L - \frac{1}{\omega C}\right)^2}} = \frac{V}{\sqrt{R^2 + (X_L - X_C)^2}}$$
(4.56)

したがって，R-L-C 直列回路のインピーダンス Z は

$$Z = \frac{V}{I} = \sqrt{R^2 + \left(\omega L - \frac{1}{\omega C}\right)^2} = \sqrt{R^2 + (X_L - X_C)^2} \text{〔Ω〕}$$
(4.57)

となる。また，R-L-C 直列回路のインピーダンス角 θ は

$$\theta = \tan^{-1}\frac{V_L - V_C}{V_R} = \tan^{-1}\frac{\omega L - \dfrac{1}{\omega C}}{R} = \tan^{-1}\frac{X_L - X_C}{R} \quad (4.58)$$

となる。

式 (4.58) からわかるように，インピーダンス角 θ の正負，すなわち電圧の位相が電流の位相より遅れるか進むかは，誘導リアクタンス X_L と容量リアクタンス X_C の大小により決まる。

1) $X_L > X_C (\omega L > 1/\omega C)$ の場合　　図 **4.34** (a) に示すように，インピーダンス角 θ は正となるので，電圧は電流に比べて位相が進む。このように $X_L > X_C$ の場合の性質を**誘導性**という。ここで，インピーダンス三角形は同図 (b) のようになる。

(a) ベクトル図　　　　(b) インピーダンス三角形

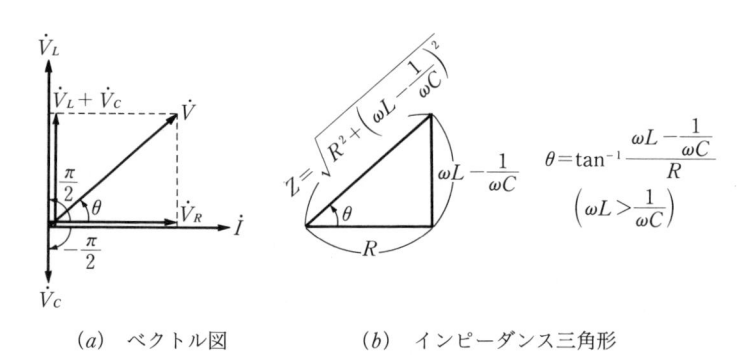

図 **4.34**　$X_L > X_C$ の場合のベクトル図とインピーダンス三角形

2) $X_L = X_C (\omega L = 1/\omega C)$ の場合　　図 **4.35** に示すように，インピーダンス角 θ は 0 となるので，電流と電圧は同相である。

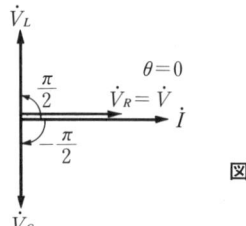

図 **4.35**　$X_L = X_C$ の場合のベクトル図

3) $X_L < X_C$ ($\omega L < 1/\omega C$) の場合　図 **4.36** (a) に示すように，インピーダンス角 θ は負となるので，電圧は電流に比べて位相が遅れる。このように $X_L < X_C$ の場合の性質を**容量性**という。ここで，インピーダンス三角形は同図 (b) のようになる。

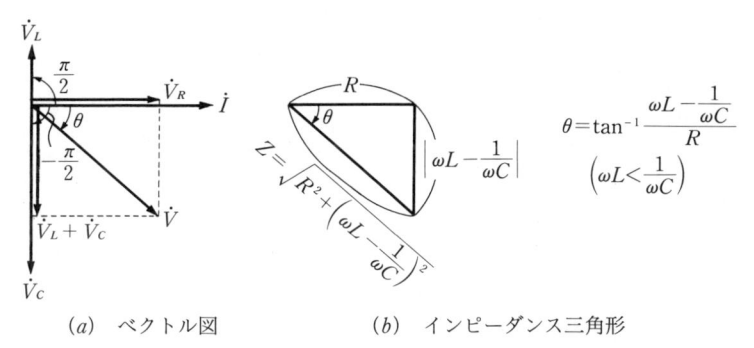

(a) ベクトル図　　　(b) インピーダンス三角形

図 **4.36**　$X_L < X_C$ の場合のベクトル図とインピーダンス三角形

例題 4.15　抵抗が $20\,\Omega$，誘導リアクタンスが $30\,\Omega$，容量リアクタンスが $10\,\Omega$ の R-L-C 直列回路のインピーダンス Z およびインピーダンス角 θ を求めよ。

【**解答**】　インピーダンス Z は，式 (4.57) より

$$Z = \sqrt{R^2 + \left(\omega L - \frac{1}{\omega C}\right)^2} = \sqrt{R^2 + (X_L - X_C)^2}$$
$$= \sqrt{20^2 + (30 - 10)^2} = 20\sqrt{2} = 28.3\,[\Omega]$$

インピーダンス角 θ は，式 (4.58) より

$$\theta = \tan^{-1} \frac{\omega L - \dfrac{1}{\omega C}}{R} = \tan^{-1} \frac{X_L - X_C}{R}$$
$$= \tan^{-1} \frac{30 - 10}{20} = \tan^{-1} 1 = 45° = \frac{\pi}{4}\,[\text{rad}] \qquad \diamondsuit$$

例題 4.16　抵抗が $20\,\Omega$，自己インダクタンスが $50\,\text{mH}$，静電容量が $100\,\mu\text{F}$ の R-L-C 直列回路に $50\,\text{Hz}$，$200\,\text{V}$ の電圧を加えたとき，回路に流れる電流はいくらか。このとき，電圧は電流に比べて位相が進むか遅れるか。

【解答】 誘導リアクタンス X_L および容量リアクタンス X_C は，それぞれ

$$X_L = \omega L = 2\pi f L = 2\pi \times 50 \times 50 \times 10^{-3} = 5\pi \ [\Omega]$$

$$X_C = \frac{1}{\omega C} = \frac{1}{2\pi f C} = \frac{1}{2\pi \times 50 \times 100 \times 10^{-6}} = \frac{100}{\pi} \ [\Omega]$$

回路に流れる電流 I は，式（4.56）より

$$I = \frac{V}{\sqrt{R^2 + \left(\omega L - \frac{1}{\omega C}\right)^2}} = \frac{V}{\sqrt{R^2 + (X_L - X_C)^2}} = \frac{200}{\sqrt{20^2 + \left(5\pi - \frac{100}{\pi}\right)^2}}$$

$$= \frac{200}{25.69} = 7.79 \ [A]$$

ここで，$X_L < X_C$ なので，式（4.58）よりインピーダンス角 θ は負となり，電圧は電流に比べて位相が遅れる。

[問] **4.15** 抵抗が $10\,\Omega$，誘導リアクタンスが $20\,\Omega$，容量リアクタンスが $50\,\Omega$ の R-L-C 直列回路のインピーダンスはいくらか。また，この回路に $100\,\mathrm{V}$ の電圧を加えたときに流れる電流を求めよ。

4.4.4 R-L 並列回路

図 **4.37** のように，抵抗 $R\,[\Omega]$ と自己インダクタンス $L\,[\mathrm{H}]$ のコイルを並列に接続した R-L 並列回路に，角周波数が $\omega\,[\mathrm{rad/s}]$ の正弦波交流電圧 $v\,[\mathrm{V}]$ を加えると，R，L の両端には同じ電圧 $v\,[\mathrm{V}]$ が加わり，R には電流 $i_R\,[\mathrm{A}]$ が，L には電流 $i_L\,[\mathrm{A}]$ が流れる。

図 **4.37** R-L 並列回路

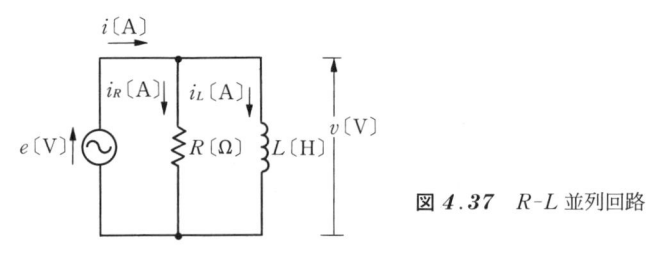

式（4.21）より，抵抗 R に流れる電流の実効値 $I_R\,[\mathrm{A}]$ は，電圧の実効値を $V\,[\mathrm{V}]$ とすると

$$I_R = \frac{V}{R} \ [\mathrm{A}] \tag{4.59}$$

で与えられる。ここで，ベクトル $\dot{I}_R$ と $\dot{V}$ は同相である。また，コイルに流れる電流の実効値 I_L〔A〕は，式（4.29）より次式で与えられる。

$$I_L = \frac{V}{\omega L} = \frac{V}{X_L} \text{〔A〕} \quad (4.60)$$

ここで，ベクトル $\dot{I}_L$〔A〕は $\dot{V}$ より $\pi/2$〔rad〕だけ位相が遅れている。

回路に流れる全電流のベクトル $\dot{I}$ は，図 4.38 に示すように $\dot{I}_R$ と $\dot{I}_L$ のベクトル和により

$$\dot{I} = \dot{I}_R + \dot{I}_L \quad (4.61)$$

となるので，全電流の実効値 I は次式となる。

$$I = \sqrt{I_R^2 + I_L^2} = \sqrt{\left(\frac{V}{R}\right)^2 + \left(\frac{V}{\omega L}\right)^2} = V\sqrt{\left(\frac{1}{R}\right)^2 + \left(\frac{1}{\omega L}\right)^2} \text{〔A〕} \quad (4.62)$$

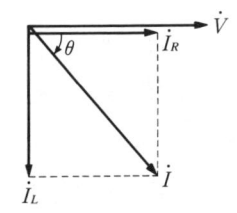

図 4.38 R-L 並列回路のベクトル図

したがって，R-L 並列回路のインピーダンス Z およびインピーダンス角 θ はそれぞれ

$$Z = \frac{V}{I} = \frac{1}{\sqrt{\left(\frac{1}{R}\right)^2 + \left(\frac{1}{\omega L}\right)^2}} \text{〔Ω〕} \quad (4.63)$$

$$\theta = \tan^{-1}\frac{-I_L}{I_R} = -\tan^{-1}\frac{\dfrac{V}{\omega L}}{\dfrac{V}{R}} = -\tan^{-1}\frac{R}{\omega L} \quad (4.64)$$

となる。

例題 4.17 抵抗 R が 10 Ω，誘導リアクタンス X_L が 20 Ω の R-L 並列回路に 100 V の交流電圧を加えたとき，R に流れる電流 I_R，L に流れる電流 I_L，回路全体に流れる電流 I，およびインピーダンス Z を求めよ。

【解答】 抵抗および誘導リアクタンスを流れる電流 I_R, I_L は，式 (4.59)，(4.60) よりそれぞれ

$$I_R = \frac{V}{R} = \frac{100}{10} = 10 \text{ (A)}, \quad I_L = \frac{V}{X_L} = \frac{100}{20} = 5 \text{ (A)}$$

回路に流れる電流 I は，式 (4.62) より

$$I = \sqrt{I_R^2 + I_L^2} = \sqrt{10^2 + 5^2} = \sqrt{125} = 5\sqrt{5} = 11.18 \text{ (A)}$$

インピーダンス Z は，式 (4.63) より

$$Z = \frac{V}{I} = \frac{100}{11.18} = 8.94 \text{ (Ω)} \qquad\qquad \diamond$$

問 4.16 抵抗が $50\,\Omega$，誘導リアクタンスが $100\,\Omega$ の R-L 並列回路に $200\,\mathrm{V}$ の交流電圧を加えたとき，インピーダンスおよび回路に流れる電流を求めよ．

4.4.5　R-C 並列回路

図 4.39 のように，抵抗 R (Ω) と静電容量 C (F) のコンデンサを並列に接続した R-C 並列回路に，角周波数が ω (rad/s) の正弦波交流電圧 v (V) を加え，R と C にそれぞれ電流 i_R, i_C (A) が流れている場合を考える．

抵抗 R に流れる電流の実効値 I_R (A) は，電圧の実効値を V (V) とすると

$$I_R = \frac{V}{R} \text{ (A)} \qquad\qquad (4.65)$$

で与えられ，ベクトル $\dot{I}_R$ と $\dot{V}$ は同相である．また，コンデンサに流れる電流の実効値 I_C (A) は式 (4.36) より

$$I_C = \omega C V = \frac{V}{X_C} \text{ (A)} \qquad\qquad (4.66)$$

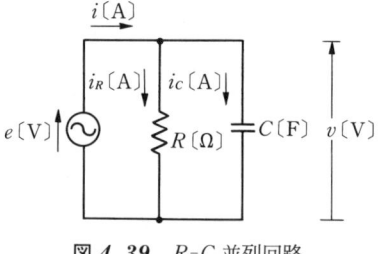

図 4.39　R-C 並列回路

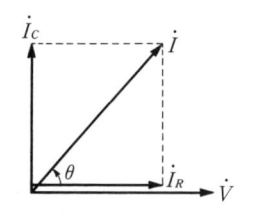

図 4.40　R-C 並列回路のベクトル図

で与えられ，ベクトル $\dot{I}_C$ は $\dot{V}$ より $\pi/2$ [rad] だけ位相が進んでいる。

回路に加わる全電流のベクトル $\dot{I}$ は，図 4.40 に示すように $\dot{I}_R$ と $\dot{I}_C$ のベクトル和により

$$\dot{I} = \dot{I}_R + \dot{I}_C \tag{4.67}$$

となるので，全電流の実効値 I は次式となる。

$$I = \sqrt{I_R^2 + I_C^2} = \sqrt{\left(\frac{V}{R}\right)^2 + (\omega CV)^2} = V\sqrt{\left(\frac{1}{R}\right)^2 + (\omega C)^2} \text{ [A]} \tag{4.68}$$

したがって，R-C 並列回路のインピーダンス Z およびインピーダンス角 θ はそれぞれ

$$Z = \frac{V}{I} = \frac{1}{\sqrt{\left(\frac{1}{R}\right)^2 + (\omega C)^2}} \text{ [}\Omega\text{]} \tag{4.69}$$

$$\theta = \tan^{-1}\frac{I_C}{I_R} = \tan^{-1}\frac{\omega CV}{\frac{V}{R}} = \tan^{-1}\omega CR \tag{4.70}$$

となる。

例題 4.18 抵抗 R が $50\,\Omega$，容量リアクタンス X_C が $30\,\Omega$ の R-C 並列回路に $150\,\text{V}$ の交流電圧を加えたとき，R に流れる電流 I_R，C に流れる電流 I_C，回路全体に流れる電流 I，およびインピーダンス Z を求めよ。

【解答】 抵抗および容量リアクタンスを流れる電流 I_R，I_C は，式 (4.65)，(4.66) よりそれぞれ

$$I_R = \frac{V}{R} = \frac{150}{50} = 3 \text{ [A]}, \quad I_C = \frac{V}{X_C} = \frac{150}{30} = 5 \text{ [A]}$$

回路に流れる電流 I は，式 (4.68) より

$$I = \sqrt{I_R^2 + I_C^2} = \sqrt{3^2 + 5^2} = \sqrt{34} = 5.83 \text{ [A]}$$

インピーダンス Z は，式 (4.69) より

$$Z = \frac{V}{I} = \frac{150}{5.83} = 25.7 \text{ [}\Omega\text{]} \qquad \diamondsuit$$

問 4.17 抵抗が $10\,\Omega$，容量リアクタンスが $5\,\Omega$ の R-C 並列回路に $100\,\text{V}$ の交流電圧を加えたとき，インピーダンスおよび回路に流れる電流を求めよ。

4.4.6 R-L-C 並列回路

図 4.41 のように，抵抗 R 〔Ω〕，自己インダクタンス L 〔H〕のコイル，静電容量 C 〔F〕のコンデンサを並列に接続した R-L-C 並列回路に，角周波数が ω 〔rad/s〕の正弦波交流電圧 v 〔V〕を加え，R, L, C にそれぞれ電流 i_R, i_L, i_C 〔A〕が流れている場合を考える。

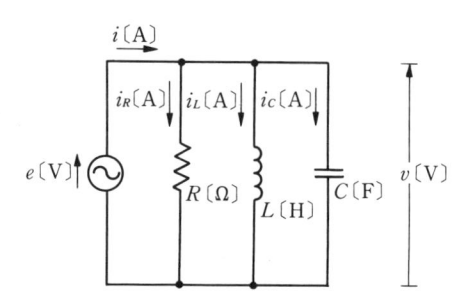

図 4.41　R-L-C 並列回路

R, L, C に流れる電流の実効値 I_R, I_L, I_C 〔A〕は，電圧の実効値を V 〔V〕とすると，すでに述べたように

$$I_R = \frac{V}{R} \,[\mathrm{A}], \quad I_L = \frac{V}{\omega L} = \frac{V}{X_L} \,[\mathrm{A}], \quad I_C = \omega C V = \frac{V}{X_C} \,[\mathrm{A}] \quad (4.71)$$

となる。ここで，ベクトル $\dot{I}_R$ と $\dot{V}$ は同相，$\dot{I}_L$ は $\dot{V}$ より $\pi/2$ 〔rad〕だけ位相が遅れており，$\dot{I}_C$ は $\dot{V}$ より $\pi/2$ 〔rad〕だけ位相が進んでいる。

また，回路に加わる全電流のベクトル $\dot{I}$ は，$\dot{I}_R$, $\dot{I}_L$, $\dot{I}_C$ のベクトル和により

$$\dot{I} = \dot{I}_R + \dot{I}_L + \dot{I}_C \quad (4.72)$$

となる。ここで，$\dot{I}_C$ は $\dot{I}_L$ より π 〔rad〕だけ位相が進んでいるので，全電流の実効値 I は

$$I = \sqrt{I_R^2 + (I_C - I_L)^2} = \sqrt{\left(\frac{V}{R}\right)^2 + \left(\omega C V - \frac{V}{\omega L}\right)^2}$$

$$= V \sqrt{\left(\frac{1}{R}\right)^2 + \left(\omega C - \frac{1}{\omega L}\right)^2} = V \sqrt{\left(\frac{1}{R}\right)^2 + \left(\frac{1}{X_C} - \frac{1}{X_L}\right)^2} \,[\mathrm{A}]$$

$$(4.73)$$

となる。したがって，R-L-C 並列回路のインピーダンス Z およびインピー

ダンス角 θ はそれぞれ

$$Z = \frac{V}{I} = \frac{1}{\sqrt{\left(\frac{1}{R}\right)^2 + \left(\omega C - \frac{1}{\omega L}\right)^2}} = \frac{1}{\sqrt{\left(\frac{1}{R}\right)^2 + \left(\frac{1}{X_C} - \frac{1}{X_L}\right)^2}} \quad [\Omega] \tag{4.74}$$

$$\theta = \tan^{-1} \frac{I_C - I_L}{I_R} = \tan^{-1} \frac{\omega C - \frac{1}{\omega L}}{\frac{1}{R}} = \tan^{-1} \frac{\frac{1}{X_C} - \frac{1}{X_L}}{\frac{1}{R}} \tag{4.75}$$

となる。

式 (4.75) からわかるように，インピーダンス角 θ の正負，つまり電流の位相が電圧の位相より遅れるか進むかは，$1/X_C$ と $1/X_L$ の大小により決まる。

1) $1/X_C > 1/X_L (\omega C > 1/\omega L)$ の場合　図 **4.42** に示すように，インピーダンス角 θ は正となるので，電流は電圧に比べて位相が進む。

2) $1/X_C = 1/X_L (\omega C = 1/\omega L)$ の場合　図 **4.43** に示すように，インピーダンス角 θ は 0 となるので，電流と電圧は同相である。

3) $1/X_C < 1/X_L (\omega C < 1/\omega L)$ の場合　図 **4.44** に示すように，インピーダンス角 θ は負となるので，電流は電圧に比べて位相が遅れる。

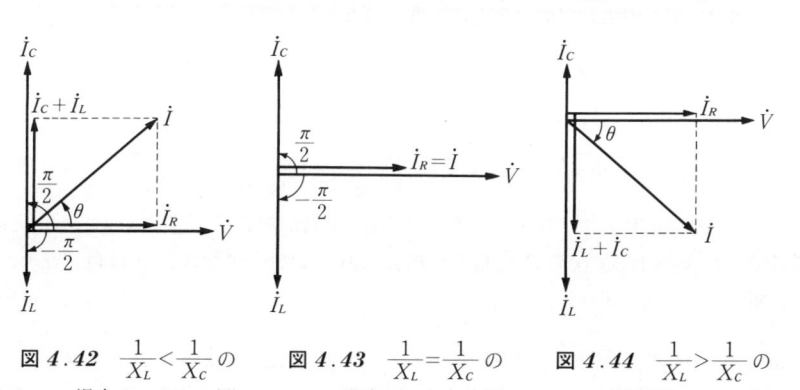

図 **4.42**　$\dfrac{1}{X_L} < \dfrac{1}{X_C}$ の場合のベクトル図

図 **4.43**　$\dfrac{1}{X_L} = \dfrac{1}{X_C}$ の場合のベクトル図

図 **4.44**　$\dfrac{1}{X_L} > \dfrac{1}{X_C}$ の場合のベクトル図

144   4. 交流回路

例題 4.19 抵抗が $100\,\Omega$,誘導リアクタンスが $20\,\Omega$,容量リアクタンスが $50\,\Omega$ の R-L-C 並列回路に $200\,\text{V}$ の交流電圧を加えたとき,回路に流れる電流 I およびインピーダンス Z を求めよ.

【解答】 抵抗,誘導リアクタンスおよび容量リアクタンスを流れる電流 I_R, I_L, I_C は,式 (4.71) よりそれぞれ

$$I_R=\frac{V}{R}=\frac{200}{100}=2\ [\text{A}],\quad I_L=\frac{V}{X_L}=\frac{200}{20}=10\ [\text{A}],\quad I_C=\frac{V}{X_C}=\frac{200}{50}=4\ [\text{A}]$$

回路に流れる電流 I は,式 (4.73) より

$$I=\sqrt{I_R^2+(I_C-I_L)^2}=\sqrt{2^2+(4-10)^2}=\sqrt{40}=2\sqrt{10}=6.32\ [\text{A}]$$

インピーダンス Z は,式 (4.74) より

$$Z=\frac{V}{I}=\frac{200}{6.32}=31.6\ [\Omega] \qquad\qquad \diamond$$

例題 4.20 抵抗が $10\,\Omega$,自己インダクタンスが $20\,\text{mH}$,静電容量が $50\,\mu\text{F}$ の R-L-C 並列回路に $50\,\text{Hz}$,$100\,\text{V}$ の電圧を加えたとき,回路に流れる電流を求めよ.このとき,電流は電圧に比べて位相が進むか遅れるか.

【解答】 誘導リアクタンス X_L および容量リアクタンス X_C は,それぞれ

$$X_L=\omega L=2\pi f L=2\pi\times 50\times 20\times 10^{-3}=2\pi=6.283\ [\Omega]$$

$$X_C=\frac{1}{\omega C}=\frac{1}{2\pi f C}=\frac{1}{2\pi\times 50\times 50\times 10^{-6}}=\frac{200}{\pi}=63.66\ [\Omega]$$

回路に流れる電流 I は,式 (4.73) より

$$I=V\sqrt{\left(\frac{1}{R}\right)^2+\left(\frac{1}{X_C}-\frac{1}{X_L}\right)^2}=100\sqrt{\left(\frac{1}{10}\right)^2+\left(\frac{1}{63.66}-\frac{1}{6.283}\right)^2}$$

$$=100\sqrt{0.1^2+(0.015\,7-0.159)^2}=100\times 0.175=17.5\ [\text{A}]$$

ここで,$1/X_C<1/X_L$ なので,式 (4.75) よりインピーダンス角 θ は負となり,電流は電圧に比べて位相が遅れる.

問 4.18 抵抗が $20\,\Omega$,誘導リアクタンスが $10\,\Omega$,容量リアクタンスが $5\,\Omega$ の R-L-C 並列回路に $120\,\text{V}$ の交流電圧を加えたとき,インピーダンスおよび回路に流れる電流を求めよ.

4.5 共振回路

4.5.1 直列共振

図 **4.45** の回路において，X_L, X_C は周波数 f に対して図 **4.46** (a) のように変化し，周波数 f_0 のとき $X_L = X_C$ となる。このとき，式 (4.57) よりわかるようにインピーダンス Z は R のみとなるので，電流 I と電圧 V は同相となり，同図 (b) に示すように I は最大となる。このような現象を**直列共振** (series resonance) といい，このときの周波数 f_0 を**共振周波数** (resonance frequency) という。

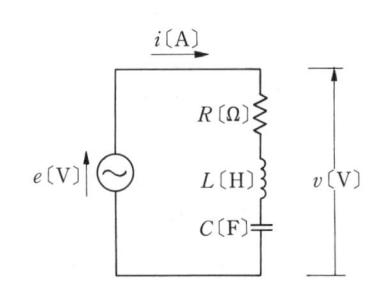

図 **4.45** 直列共振回路

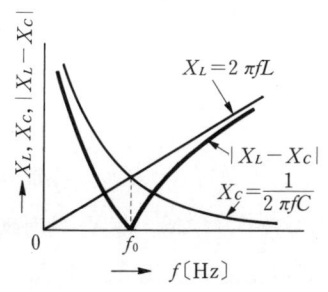

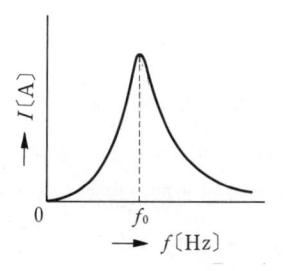

(a) 周波数に対する X_L, X_C の変化　　(b) 周波数に対する電流の変化

図 **4.46** 直列共振

共振周波数 f_0 は，$X_L = X_C$ の関係より

$$2\pi f_0 L = \frac{1}{2\pi f_0 C}$$

とおくことにより

$$f_0 = \frac{1}{2\pi\sqrt{LC}} \quad \text{[Hz]} \tag{4.76}$$

となる。

直列共振の際には,$V_L = V_C$,$V = RI$ であるので,V と V_L または V_C の比を Q とすると,式 (4.53),(4.76) より

$$Q = \frac{V_L}{V} = \frac{V_C}{V} = \frac{2\pi f_0 LI}{RI} = \frac{I}{2\pi f_0 CRI} = \frac{1}{R}\sqrt{\frac{L}{C}} \tag{4.77}$$

となる。この Q を**選択度**(selectivity)または**共振の鋭さ**(resonance sharpness)といい,Q が大きいほど V に対して大きな端子電圧 V_L,V_C が得られる。

例題 4.21 $R = 5\,\Omega$,$L = 0.4\,\text{H}$,$C = 10\,\mu\text{F}$ の R-L-C 直列回路に $100\,\text{V}$ の電圧を加えたときの,共振周波数 f_0 および選択度 Q を求めよ。

【解答】 共振周波数 f_0 は,式 (4.76) より

$$f_0 = \frac{1}{2\pi\sqrt{LC}} = \frac{1}{2\pi\sqrt{0.4 \times 10 \times 10^{-6}}} = \frac{10^3}{4\pi} = 79.6 \quad \text{[Hz]}$$

選択度 Q は,式 (4.77) より

$$Q = \frac{1}{R}\sqrt{\frac{L}{C}} = \frac{1}{5}\sqrt{\frac{0.4}{10 \times 10^{-6}}} = \frac{1}{5}\sqrt{4 \times 10^4} = \frac{200}{5} = 40 \qquad \diamondsuit$$

4.5.2 並列共振

図 4.47 のように,自己インダクタンス L [H] のコイルと静電容量 C [F] のコンデンサが並列に接続された回路において,$1/X_L$,$1/X_C$ は周波数 f に対して図 4.48 (a) のように変化し,周波数 f_0 のとき $1/X_L = 1/X_C$,すなわち $X_L = X_C$ となるので,式 (4.74) よりわかるように,インピーダンス Z は無限大となる。このとき電流の実効値 I は

$$I = \frac{V}{Z} = V\left(\frac{1}{X_C} - \frac{1}{X_L}\right) \quad \text{[A]} \tag{4.78}$$

なので,同図 (b) に示すようにこの周波数 f_0 のとき I は 0 となる。この現象

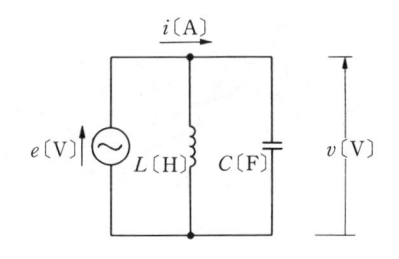

図 4.47 並列共振回路

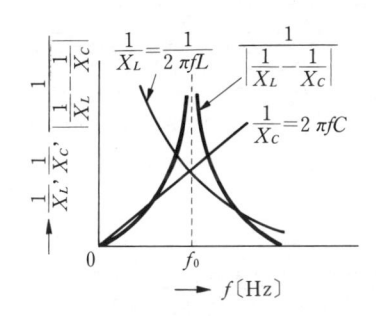

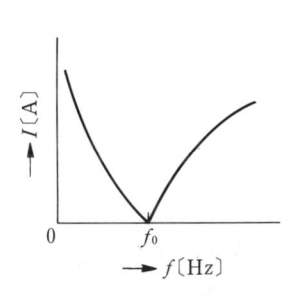

(a) 周波数に対する $\frac{1}{X_L}$, $\frac{1}{X_C}$ の変化 　 (b) 周波数に対する電流の変化

図 4.48 並列共振

を**並列共振**（parallel resonance）という．

共振周波数 f_0 は，$X_L = X_C$ の関係より直列の場合と同様に

$$f_0 = \frac{1}{2\pi\sqrt{LC}} \ [\text{Hz}] \tag{4.79}$$

で与えられる．

4.6 交流の電力

4.6.1 交流回路の電力

　交流では，電圧や電流が時間とともに変化するので，その積で与えられる電力も時間とともに変化する．電圧の瞬時値を v [V]，電流の瞬時値を i [A] とすると，電力の瞬時値 p [W] は $p = vi$ で与えられ，これを**瞬時電力**という．
　図 4.49 (a) に示すように，R-L-C 直列回路に交流電圧 $v = \sqrt{2}V \sin \omega t$

148　4. 交 流 回 路

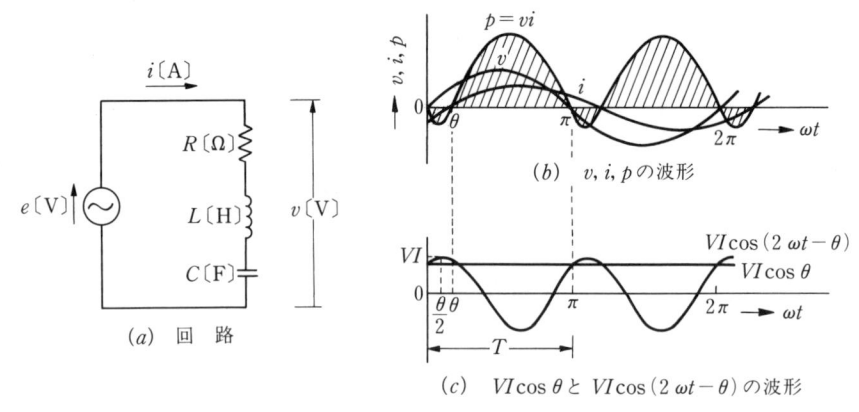

図 4.49　交流の電力

〔V〕を加えたとき，これより位相が θ だけ遅れた電流 $i=\sqrt{2}I\sin(\omega t-\theta)$ 〔A〕が流れたとすると，瞬時電力 p は次のように表される[†]。

$$p = vi = \sqrt{2}V\sin\omega t \times \sqrt{2}I\sin(\omega t-\theta)$$

$$= 2VI\sin\omega t\sin(\omega t-\theta)$$

$$= VI\cos\theta - VI\cos(2\omega t-\theta) \quad [\text{W}] \tag{4.80}$$

式 (4.80) より，抵抗 R，インダクタンス L，静電容量 C がそれぞれ単独に接続された回路における瞬時電力 p を求めることができる。

抵抗 R のみの回路の場合には，$\theta=0$ 〔rad〕なので，式 (4.80) より p は以下のようになる。

$$p = vi = VI\cos 0 - VI\cos(2\omega t - 0) = VI - VI\cos 2\omega t \quad [\text{W}]$$

インダクタンス L のみの回路の場合には，i は v に比べて $\pi/2$ 〔rad〕位相が遅れるので，$\theta=\pi/2$ 〔rad〕より p は以下のようになる。

$$p = vi = VI\cos\frac{\pi}{2} - VI\cos\left(2\omega t - \frac{\pi}{2}\right)$$

$$= 0 - VI\left(\cos 2\omega t\cos\frac{\pi}{2} + \sin 2\omega t\sin\frac{\pi}{2}\right) = -VI\sin 2\omega t \quad [\text{W}]$$

---

† 三角関数の公式

$$\sin\alpha\sin\beta = \frac{1}{2}\{\cos(\alpha-\beta)-\cos(\alpha+\beta)\}$$

を用いる。ここで，$\alpha=\omega t$，$\beta=\omega t-\theta$ とおく。

静電容量 C のみの回路の場合には,i は v に比べて $\pi/2$〔rad〕位相が進むので,$\theta=-\pi/2$〔rad〕より p は以下のようになる。

$$p = vi = VI\cos\left(-\frac{\pi}{2}\right) - VI\cos\left\{2\omega t - \left(-\frac{\pi}{2}\right)\right\}$$

$$= 0 - VI\left\{\cos 2\omega t \cos\left(-\frac{\pi}{2}\right) + \sin 2\omega t \sin\left(-\frac{\pi}{2}\right)\right\}$$

$$= VI\sin 2\omega t \text{〔W〕}$$

図 4.49(b)に v, i, p の関係を示す。

瞬時電力 p の1周期にわたっての平均を考えると,同図(c)に示すように式(4.80)の右辺第2項は0となるので,第1項のみが残り,p の平均値すなわち**平均電力**(mean power)P〔W〕は次のようになる。

$$P = VI\cos\theta \text{〔W〕} \tag{4.81}$$

ここで,単位にはワット(W)を用いる。この平均電力 P〔W〕を交流の電力とする。

4.6.2 力率と皮相電力

交流回路の電力は,式(4.81)で示したように $P=VI\cos\theta$ で表される。抵抗 R のみの回路では,電流と電圧は同相なので $P=VI$ となるが,L や C が接続された回路では,電流と電圧の間の位相差 θ が生じ,$P=VI$ に比べて $\cos\theta$ 倍の電力が消費されることになる。この $\cos\theta$ を**力率**(power factor)といい,次の式で与えられる。

$$\cos\theta = \frac{P}{VI} \tag{4.82}$$

または,百分率(%)で次のように表される。

$$\cos\theta = \frac{P}{VI} \times 100 \text{〔\%〕} \tag{4.83}$$

一方,交流回路の電力 $P=VI\cos\theta$ は $\cos\theta$ により変化するので,回路に加えた電圧 V と回路を流れる電流 I との積 VI は,見かけ上の電力を表す。これを,**皮相電力**(apparent power)といい,記号 P_s で表し,単位には**ボル**

トアンペア（単位記号 VA）を用いる。

$$P_s = VI \ [\text{VA}] \tag{4.84}$$

皮相電力は，交流発電機や交流変圧器などの容量を表すのに用いられる。

例題 4.22 図 4.49 の回路で，$R=5\,\Omega$，$X_L=15\,\Omega$，$X_C=10\,\Omega$，$V=100$ V のときの，力率と皮相電力を求めよ。

【解答】 この回路のインピーダンス角 θ は，式（4.58）より

$$\theta = \tan^{-1}\frac{\omega L - \dfrac{1}{\omega C}}{R} = \tan^{-1}\frac{X_L - X_C}{R}$$

$$= \tan^{-1}\frac{15-10}{5} = \tan^{-1} 1 = 45° = \frac{\pi}{4} \ [\text{rad}]$$

したがって，力率 $\cos\theta$ は

$$\cos\theta = \cos\frac{\pi}{4} = \frac{1}{\sqrt{2}} = 0.707 (70.7\%)$$

回路に流れる電流 I は，式（4.56）より

$$I = \frac{V}{\sqrt{R^2+(X_L-X_C)^2}} = \frac{100}{\sqrt{5^2+(15-10)^2}} = \frac{20}{\sqrt{2}} = 14.14 \ [\text{A}]$$

したがって，皮相電力 P_s は式（4.84）より

$$P_s = VI = 100 \times 14.14 = 1\,414 \ [\text{VA}] = 1.414 \ [\text{kVA}] \qquad \diamondsuit$$

問 4.19 ある交流回路に 100 V の電圧を加えたとき，回路に 20 A の電流が流れ，600 W の電力が消費された。力率と皮相電力はいくらか。

4.6.3 有効電力と無効電力

$\cos\theta$ を力率というのに対して，$\sqrt{1-\cos\theta^2} = \sin\theta$ を**無効率**（reactive factor）といい，百分率（%）で表す。ここで，式（4.81）で表される電力 $P = VI\cos\theta$ を**有効電力**（active power）といい，これに対し皮相電力と無効率との積を**無効電力**（reactive power）という。無効電力は記号 P_q で表し，単位には**バール**（単位記号 var）を用いる。

$$P_q = VI\sin\theta \ [\text{var}] \tag{4.85}$$

無効電力は，実際には仕事をしない電力を表している。

例題 4.23 図 4.49 の回路で，$R=10\,\Omega$，$X_L=12\,\Omega$，$X_C=2\,\Omega$，$V=100$ V のときの，有効電力と無効電力を求めよ．

【解答】 この回路のインピーダンス角 θ は，式（4.58）より

$$\theta=\tan^{-1}\frac{X_L-X_C}{R}=\tan^{-1}\frac{12-2}{10}=\tan^{-1}1=45°=\frac{\pi}{4}\,[\text{rad}]$$

回路に流れる電流 I は，式（4.56）より

$$I=\frac{V}{\sqrt{R^2+(X_L-X_C)^2}}=\frac{100}{\sqrt{10^2+(12-2)^2}}=\frac{10}{\sqrt{2}}=7.07\,[\text{A}]$$

したがって，有効電力 P は，式（4.81）より

$$P=VI\cos\theta=100\times7.07\times\cos\frac{\pi}{4}=\frac{707}{\sqrt{2}}=500\,[\text{W}]$$

また無効電力は，式（4.85）より

$$P_q=VI\sin\theta=100\times7.07\times\sin\frac{\pi}{4}=500\,[\text{var}]\qquad\diamondsuit$$

問 4.20 ある交流回路に 100 V の電圧を加えたとき，回路に 5 A の電流が流れ，250 W の有効電力が消費された．無効電力はいくらか．

演 習 問 題

【1】 電圧 $v=20\sqrt{2}\sin(50\pi t+\pi/4)\,[\text{V}]$ の最大値，平均値，実効値，角周波数，周波数，周期はいくらか．

【2】 $e_1=20\sin(\omega t+\pi/4)\,[\text{V}]$ と $e_2=15\sin(\omega t-\pi/3)\,[\text{V}]$ の二つの電圧の位相，初位相はいくらか．また，これら二つの電圧の位相差はいくらか．

【3】 電流 $i=100\sqrt{2}\sin(\omega t+\pi/2)\,[\text{A}]$ に比べて，大きさが 1/4 で位相が $\pi/6$ 遅れた電流 i' を表す式を示せ．

【4】 瞬時値が $v_1=6\sqrt{2}\sin(\omega t+\pi/2)\,[\text{V}]$，$v_2=10\sqrt{2}\sin(\omega t+\pi/6)\,[\text{V}]$ の二つの電圧のベクトル $\dot{V_1}$，$\dot{V_2}$ の和のベクトル $\dot{V}$ および差のベクトル $\dot{V}'$ の実効値および初位相を求めよ．

【5】 ある抵抗に 100 V の交流電圧を加えたら，回路に 80 A の電流が流れた．この抵抗の大きさはいくらか．

4. 交流回路

【6】 インダクタンスが 10 mH のコイルに，200 V の交流電圧を加えたら，回路に 50 A の電流が流れた。この電圧の周波数はいくらか。

【7】 静電容量が 120 μF のコンデンサに，周波数が 50 Hz の電圧を加えたとき，回路に 10 A の電流が流れた。同じ大きさで周波数が 60 Hz の電圧を加えると，回路にはどれだけの電流が流れるか。

【8】 $R=5\,\Omega$ の抵抗と $L=50$ mH のコイルを直列に接続した回路に，50 Hz，0.5 A の電流を流すためには，何 V の電圧を加える必要があるか。

【9】 $R=5\,\Omega$，$L=100$ mH，$C=250\,\mu$F の R-L-C 直列回路に 200 V の電圧を加えたときの，回路の共振周波数 f_0 を求めよ。

【10】 ある交流回路に 200 V の電圧を加えたとき，回路に 10 A の電流が流れた。このとき，力率を 50 % とすると，皮相電力，有効電力，無効電力はいくらか。

参 考 文 献

1) 東京天文台：理科年表 昭和61年 1986年，丸善 (1986)
2) 国立天文台編：理科年表 平成11年 1999年，丸善 (1999)
3) 曽根 悟，小谷 誠，向殿政男 監修：図解電気の大百科，オーム社 (1995)
4) 川島純一，斉藤広吉：電気基礎 上（第1版 3刷），東京電機大学出版局 (1995)
5) 原 康夫：力学と電磁気学（初版 2刷），東京教学社 (1995)
6) 電気学会：電気工学ハンドブック・新版（初版 2刷）(1995)
7) 電気学会編：電気工学ポケットブック（第4版 第2刷），オーム社 (1995)
8) 香月和男：初歩の電気物理読本（第1版 1刷），オーム社 (1981)
9) 白土義男：たのしくできる やさしいアナログ回路の実験（第1版 2刷），東京電機大学出版局 (1995)
10) 高田勇次郎：初歩の電気機器（第2版 2刷），東京電機大学出版局 (1991)
11) 電気学会：電気学会大学講座 電気機器工学Ⅰ（改訂版）（第11版），オーム社 (1997)
12) 桑原武夫 編者代表：世界伝記大事典2〈世界編〉（第3刷），ほるぷ出版 (1984)
13) D.アボット編，渡辺正雄 監訳：世界科学者事典4 物理学者（第3刷），原書房 (1991)
14) 科学者人名事典編集委員会編 科学者人名事典，丸善 (1997)

問および演習問題の解答

1 章

1.1 1Aの電流が流れているということは，導線の断面を1秒間に1Cの電荷が通過しているということである。電子1個がもつ電荷の大きさは 1.602×10^{-19} C であるから，通過する電子の個数は
$$\frac{1}{1.602 \times 10^{-19}} = 6.24 \times 10^{18} \text{ 〔個〕}$$

1.2 式(*1.2*)より，電流 I は
$$I = \frac{V}{R} = \frac{100}{5} = 20 \text{ 〔A〕}$$

1.3 式(*1.2*)より，電圧 V は
$$V = RI = 20 \times 10 = 200 \text{ 〔V〕}$$

1.4 式(*1.2*)より，抵抗 R は
$$R = \frac{V}{I} = \frac{100}{25 \times 10^{-3}} = 4 \times 10^3 \text{ 〔Ω〕} = 4 \text{ 〔kΩ〕}$$

1.5 式(*1.2*)より，抵抗 R は
$$R = \frac{V}{I} = \frac{20}{2} = 10 \text{ 〔Ω〕}$$

式(*1.3*)より，コンダクタンス G は
$$G = \frac{1}{R} = \frac{1}{10} = 0.1 \text{ 〔S〕}$$

1.6 式(*1.2*)より，抵抗 R は
$$R = \frac{V}{I} = \frac{100}{20} = 5 \text{ 〔Ω〕}$$

この抵抗に 80 V の電圧を加えると，流れる電流は
$$I = \frac{V}{R} = \frac{80}{5} = 16 \text{ 〔A〕}$$

1.7 式(*1.7*)より，合成抵抗 R は
$$R = 20 + 30 = 50 \text{ 〔Ω〕}$$

1.8 式(*1.7*)より，合成抵抗 R は
$$R = 10 + 20 + 30 = 60 \text{ 〔Ω〕}$$

問および演習問題の解答　155

1.9 式(1.12)より，合成抵抗 R は

$$\frac{1}{R}=\frac{1}{20}+\frac{1}{30}=\frac{5}{60}=\frac{1}{12}, \quad \therefore \quad R=12 \ [\Omega]$$

1.10 式(1.12)より，合成抵抗 R は

$$\frac{1}{R}=\frac{1}{10}+\frac{1}{20}+\frac{1}{30}=\frac{11}{60}, \quad \therefore \quad R=\frac{60}{11}=5.45 \ [\Omega]$$

1.11 電源の端子電圧 V は式 (1.14) より

$$V=E-rI=100-0.5\times 8=96 \ [V]$$

また，負荷抵抗 R は

$$R=\frac{V}{I}=\frac{96}{8}=12 \ [\Omega]$$

1.12 解図 1.1 の回路において，合成抵抗 R は

$$R=R_1+R_2=100+150=250 \ [\Omega]$$

回路を流れる電流 I は

$$I=\frac{V}{R}=\frac{100}{250}=0.4 \ [A]$$

したがって，抵抗 R_1 の端子電圧 V_1 および抵抗 R_2 の端子電圧 V_2 は，それぞれ

$$V_1=R_1 I=100\times 0.4=40 \ [V], \quad V_2=R_2 I=150\times 0.4=60 \ [V]$$

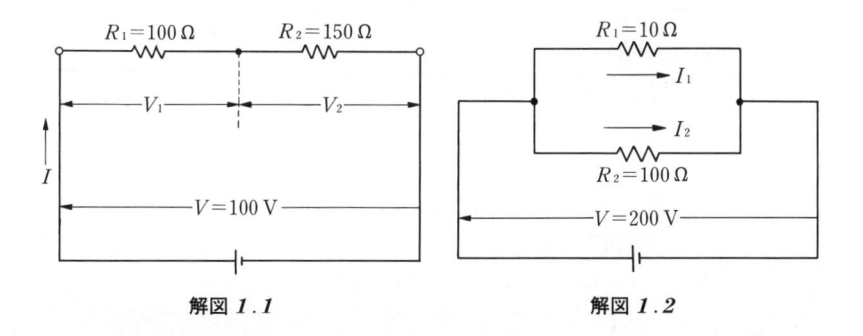

解図 1.1　　　　　解図 1.2

1.13 解図 1.2 の回路において，抵抗 R_1 に流れる電流 I_1 および抵抗 R_2 に流れる電流 I_2 は，それぞれ

$$I_1=\frac{V}{R_1}=\frac{200}{10}=20 \ [A], \quad I_2=\frac{V}{R_2}=\frac{200}{100}=2 \ [A]$$

1.14 例えば，解図 1.3 のように電流の向きおよび回路をたどる向きを決めると，キルヒホッフの第1法則より，点aについて

$$I_3=I_1+I_2 \tag{1}$$

キルヒホッフの第2法則より，閉回路①について

解図 1.3

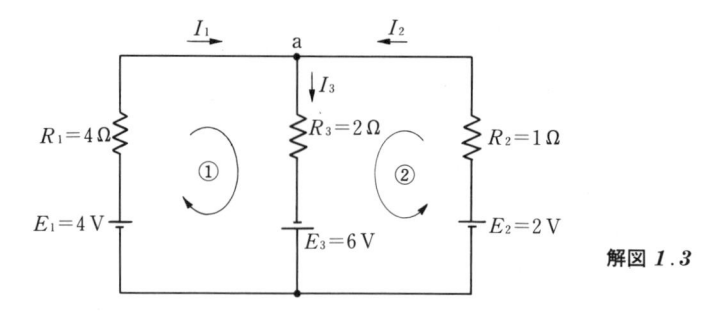

$E_1+E_3=R_1I_1+R_3I_3$, $4+6=4I_1+2I_3$, $\therefore$ $10=4I_1+2I_3$ (2)

キルヒホッフの第2法則より，閉回路②について

$E_2+E_3=R_2I_2+R_3I_3$, $2+6=I_2+2I_3$, $\therefore$ $8=I_2+2I_3$ (3)

これらの式(1)～(3)を連立方程式として解く．式(2)，(3)に式(1)を代入すると

$$10=6I_1+2I_2 \quad (4)$$
$$8=2I_1+3I_2 \quad (5)$$

(4)−(5)×3 により I_1 を消去すると

$-14=-7I_2$, $\therefore$ $I_2=2$〔A〕

I_2 の値を式(5)に代入すると

$8=2I_1+3\times 2$, $\therefore$ $I_1=1$〔A〕

I_1 と I_2 の値を式(1)に代入すると

$I_3=1+2=3$〔A〕

となる．各電流の向きは，はじめに仮定した向きと同じである．

1.15 例えば，**解図 1.4** のように電流の向きおよび回路をたどる向きを決めると，キルヒホッフの第1法則より，点aについて

$I_2=I+I_3$, $12=I+4$, $\therefore$ $I=8$〔A〕

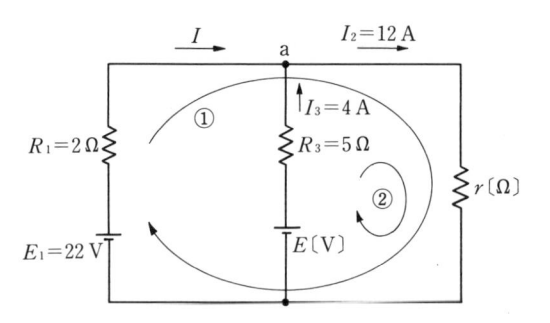

解図 1.4

キルヒホッフの第2法則より，閉回路①について
$$E_1 = R_1 I + r I_2, \ 22 = 2 \times 8 + 12r, \ \therefore \ r = 0.5 \ [\Omega]$$
キルヒホッフの第2法則より，閉回路②について
$$E = R_3 I_3 + r I_2, \ E = 5 \times 4 + 12r = 20 + 12 \times 0.5 = 26 \ [V]$$
電流 I の向きは，はじめに仮定した向きと同じである。

1.16 式(1.20)より，抵抗 R_x は
$$R_x = \frac{R_1}{R_2} R_3 = \frac{30}{10} \times 20 = 60 \ [\Omega]$$

1.17 抵抗に流れる電流は，オームの法則より
$$I = \frac{V}{R} = \frac{100}{50} = 2 \ [A]$$
4分 $= 60 \times 4 = 240$ 秒なので，発生熱量 H [J] は式(1.21)より
$$H = RI^2 t = 50 \times 2^2 \times 240 = 4.8 \times 10^4 \ [J]$$

1.18 $1 l = 10^3$ g なので，式(1.23)より熱量 H [cal] は
$$H = mT = 2 \times 10^3 \times (50 - 20) = 6 \times 10^4 \ [cal]$$
また，H [J] は
$$H = 4.19 mT = 4.19 \times 6 \times 10^4 = 2.514 \times 10^5 \ [J]$$

1.19 式(1.24)より，消費される電力 P は
$$P = VI = RI^2 = 5 \times 20^2 = 2 \times 10^3 \ [W] = 2 \ [kW]$$

1.20 30分 $= 30 \times 60 = 1\,800$ 秒なので，式(1.25)より，消費される電力量 W [J] は
$$W = 1.5 \times 10^3 \times 1\,800 = 2.7 \times 10^6 \ [J]$$
また，$1 \text{ J} = 1 \text{ W·s} = 10^{-3} \text{ kW·s}$ より
$$W = 2.7 \times 10^6 \ [J] = 2.7 \times 10^3 \ [kW·s]$$

1.21 $20°$C の水 $1 l$ を $80°$C にするのに必要な熱量 H [J] は，式(1.23)より
$$H = 4.19 mT = 4.19 \times 1.0 \times 10^3 \times (80 - 20) = 2.514 \times 10^5 \ [J]$$
一方，消費電力 600 W の電熱線の電力量は，$W = Pt$ [J] $= 600 \times t$ [J] である。
したがって，電力量と必要熱量を等しくおいて，W [J] $= H$ [J] より
$$Pt = H, \ 600 \times t = 2.514 \times 10^5$$
$$\therefore \ t = \frac{2.514 \times 10^5}{600} = 4.19 \times 10^2 \ [s] = 7 \ [min]$$

1.22 $1 \text{ mm}^2 = 10^{-6} \text{ m}^2$ なので，式(1.27)より
$$R = \rho \frac{l}{A} = 1.72 \times 10^{-8} \times \frac{2}{1 \times 10^{-6}} = 3.44 \times 10^{-2} \ [\Omega]$$

1.23 直径 $2 \text{ mm} = 2 \times 10^{-3} \text{ m}$ より，断面積 A [m²] は
$$A = \pi \left(\frac{2 \times 10^{-3}}{2} \right)^2 = \pi \times (1 \times 10^{-3})^2 = \pi \times 10^{-6} \ [m^2]$$

1 km = 10³ m なので,式(1.27)より抵抗率 ρ 〔Ω·m〕は

$$\rho = R\frac{A}{l} = 8.75 \times \frac{\pi \times 10^{-6}}{10^3} = 2.75 \times 10^{-8} \text{ 〔Ω·m〕}$$

また,導電率 σ は

$$\sigma = \frac{1}{\rho} = \frac{1}{2.75 \times 10^{-8}} = 3.64 \times 10^7 \text{ 〔S/m〕}$$

1.24 $T_2 - T_1 = 1$ とおくと,温度が1℃上昇したときの抵抗の増加 $R_2 - R_1$ は,式(1.30)より

$$R_2 - R_1 = R_1 \alpha_1 (T_2 - T_1) = 8 \times 4.3 \times 10^{-3} \times 1 = 3.44 \times 10^{-2} \text{ 〔Ω〕}$$

1.25 式(1.30)より

$$R_2 = R_1 \{1 + \alpha_1(T_2 - T_1)\} = 12\{1 + 4.3 \times 10^{-3}(0 - 20)\} = 10.97 \text{ 〔Ω〕}$$

1.26 式(1.29)より,20℃での抵抗の温度係数 α_1 は

$$\alpha_1 = \frac{1}{R_1} \cdot \frac{R_2 - R_1}{T_2 - T_1}$$

$$= \frac{1}{15} \times \frac{16.5 - 15}{60 - 20} = 2.5 \times 10^{-3} \text{ 〔℃}^{-1}\text{〕}$$

【1】 電流は,1秒間当りに導線断面を通過する電荷量なので,電荷量 Q は式(1.1)より

$$I = \frac{Q}{t}, \quad \therefore \quad Q = It = 5 \times 10 \times 60 = 3 \times 10^3 \text{ 〔C〕}$$

【2】 (a) 並列に接続された抵抗に流れる電流の総和は,全体に流れる電流に等しいので

$$2 + 5 + I = 15, \quad \therefore \quad I = 8 \text{ 〔A〕}$$

これは,キルヒホッフの第1法則からもわかる。

(b) 直列に接続された抵抗に流れる電流はどこも等しいので
$I = 20$ 〔A〕

【3】 (a) 並列に接続された抵抗に加わる電圧はどこも等しいので
$V = 10$ 〔V〕

(b) 直列に接続された抵抗に加わる電圧の和は,全体に加わる電圧に等しいので

$$10 + V + 50 = 100, \quad \therefore \quad V = 40 \text{ 〔V〕}$$

【4】 並列部分の抵抗 R' は

$$\frac{1}{R'} = \frac{1}{5+1} + \frac{1}{3} = \frac{3}{6} = \frac{1}{2}, \quad \therefore \quad R' = 2 \text{ 〔Ω〕}$$

全抵抗 R は

$$R = 2 + 5 + R' + 1 = 8 + 2 = 10 \text{ 〔Ω〕}$$

よって，全体に流れる電流 I は
$$I = I_2 = \frac{V}{R} = \frac{20}{10} = 2 \,\text{[A]}$$
電圧 V_1 は
$$V_1 = 2 \times I = 2 \times 2 = 4 \,\text{[V]}$$
電圧 V_2 および電流 I_1 は
$$V_2 = R' \times I = 2 \times 2 = 4 \,\text{[V]}, \quad I_1 = \frac{V_2}{3} = \frac{4}{3} = 1.33 \,\text{[A]}$$

【5】 例えば，**解図 1.5** のように電流の向きおよび回路をたどる向きを決めると，キルヒホッフの第1法則より，点 a について
$$I_3 = I_1 + I_2 \tag{1}$$
キルヒホッフの第2法則より，閉回路①について
$$10 = 2I_1 + (1+3)I_3, \quad \therefore \quad 10 = 2I_1 + 4I_3 \tag{2}$$
キルヒホッフの第2法則より，閉回路②について
$$6 - 2 = 4I_2 + (1+3)I_3, \quad \therefore \quad 4 = 4I_2 + 4I_3 \tag{3}$$
式(1)～(3)を連立方程式として解く．式(2)，(3)に式(1)を代入すると，それぞれ
$$10 = 6I_1 + 4I_2 \tag{4}$$
$$4 = 4I_1 + 8I_2 \tag{5}$$
(4)×2−(5)により I_2 を消去すると
$$16 = 8I_1, \quad \therefore \quad I_1 = 2 \,\text{[A]}$$
I_1 の値を式(4)に代入すると
$$10 = 6 \times 2 + 4I_2, \quad \therefore \quad I_2 = -0.5 \,\text{[A]}$$
I_1 と I_2 の値を式(1)に代入すると
$$I_3 = 2 + (-0.5) = 1.5 \,\text{[A]}$$
となる．電流の向きは，I_1, I_3 ははじめに仮定した向きと同じ，I_2 は逆向きである．

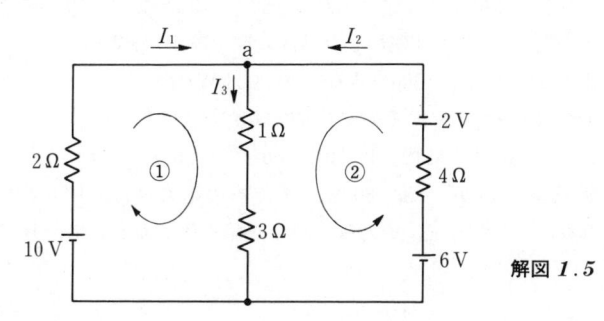

解図 1.5

【6】(1) 解図 **1.6** の点 a について，キルヒホッフの第1法則より
$$3=2+I_1, \quad \therefore \quad I_1=1 \,[\text{A}]$$
①の閉回路について，キルヒホッフの第2法則より
$$6\times 2-1\times I_2-6\times I_1=0, \quad \therefore \quad I_2=12-6I_1=12-6\times 1=6 \,[\text{A}]$$
②の閉回路について，キルヒホッフの第2法則より
$$E=6\times 5+1\times I_2=30+6=36 \,[\text{V}]$$
(2) ブリッジは平衡しているので
$$6=\frac{8}{6}\times R, \quad \therefore \quad R=\frac{6}{8}\times 6=4.5 \,[\Omega]$$

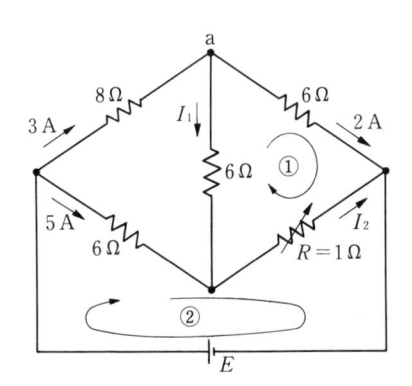

解図 **1.6**

【7】抵抗 R の値は
$$P=VI=\frac{V^2}{R}, \quad \therefore \quad R=\frac{V^2}{P}=\frac{100^2}{5\times 10^3}=2 \,[\Omega]$$
抵抗に流れる電流 I は
$$I=\frac{V}{R}=\frac{100}{2}=50 \,[\text{A}]$$

【8】(1) 60 W の電力の白熱球に 100 V の電圧が加わっているので，抵抗 R は
$$P=VI=\frac{V^2}{R}, \quad \therefore \quad R=\frac{V^2}{P}=\frac{100^2}{60}=\frac{500}{3}=1.66\times 10^2 \,[\Omega]$$
(2) この白熱球を5時間使用したときの電力量 $W \,[\text{kW}\cdot\text{h}]$ は
$$W=Pt=60\times 5=300 \,[\text{W}\cdot\text{h}]=0.3 \,[\text{kW}\cdot\text{h}]$$

【9】20℃の水 4 l を 60℃ にするのに必要な熱量 $H \,[\text{J}]$ は
$$H=4.19mT=4.19\times 4\times 10^3\times (60-20)=6.704\times 10^5 \,[\text{J}]$$
一方，消費電力 1 kW，効率 80 % の電熱器の電力量は，$W=Pt=0.8\times 10^3\,t$ [J] である。したがって，電力量と必要熱量を等しくおいて，$W \,[\text{J}]=H \,[\text{J}]$ より

$Pt = H$, $0.8 \times 10^3 \times t = 6.704 \times 10^5$

$\therefore\ t = \dfrac{6.704 \times 10^5}{0.8 \times 10^3} = 838$ 〔s〕$= 14$ 〔min〕

【10】アルミ線の断面積 A〔m²〕は

$$A = \rho \dfrac{l}{R} = 2.75 \times 10^{-8} \times \dfrac{50}{2} = 6.875 \times 10^{-7}\ 〔\mathrm{m^2}〕$$

したがって，アルミ線の半径を r〔m〕とすると，$A = \pi r^2$ より直径 $= 2r$ は

$$2r = 2\sqrt{\dfrac{A}{\pi}} = 2 \times \sqrt{\dfrac{6.875 \times 10^{-7}}{\pi}} = 9.36 \times 10^{-4}\ 〔\mathrm{m}〕$$

【11】この抵抗に必要な銅線の長さ l〔m〕は

$$l = \dfrac{R}{\rho}A = \dfrac{10}{1.72 \times 10^{-8}} \times \pi \times \left(\dfrac{1.2 \times 10^{-3}}{2}\right)^2 = \pi \times \dfrac{0.6^2}{1.72} \times 10^3$$
$$= 657.5\ 〔\mathrm{m}〕$$

【12】100 V，2 kW の導線の抵抗 R〔Ω〕は

$$P = VI = \dfrac{V^2}{R},\quad \therefore\ R = \dfrac{V^2}{P} = \dfrac{100^2}{2\,000} = 5\ 〔\Omega〕$$

導線の長さが 100 m，直径が 2 mm の場合，抵抗率 ρ〔Ω·m〕は式 (1.27) より

$$\rho = \dfrac{R}{l}A = \dfrac{5}{100} \times \pi \times \left(\dfrac{2 \times 10^{-3}}{2}\right)^2 = 0.05 \times \pi \times 10^{-6} = 1.57 \times 10^{-7}\ 〔\Omega\cdot\mathrm{m}〕$$

【13】(1) 抵抗の温度係数の定義より，20 °C での抵抗の温度係数 α_{20} は，問図 **1.6** から

$$\alpha_{20} = \dfrac{1}{R_{20}} \cdot \dfrac{R_{60} - R_{20}}{60 - 20} = \dfrac{1}{10} \times \dfrac{12 - 10}{40} = 5 \times 10^{-3}\ 〔°\mathrm{C}^{-1}〕$$

(2) 温度が 80 °C のときの抵抗 R_{80}〔Ω〕は

$R_{80} = R_{20}\{1 + \alpha_{20}(80 - 20)\}$
$\quad = 10\{1 + 5 \times 10^{-3}(80 - 20)\} = 10 \times 1.3 = 13$ 〔Ω〕

【14】この導線の 0 °C での抵抗を R_0，20 °C での抵抗を R_{20} とすると

$R_0 = R_{20}\{1 + \alpha_{20}(0 - 20)\}$

$\therefore\ R_{20} = \dfrac{R_0}{1 - 20\alpha_{20}} = \dfrac{18}{1 - 20 \times 5 \times 10^{-3}} = \dfrac{18}{0.9} = 20$ 〔Ω〕

2 章

2.1 点磁極が受ける力の大きさ F は，式 (2.2) より

$F = mH = 2 \times 10^{-3} \times 5 = 0.01$ 〔N〕

2.2 磁界の大きさ H は

$$H = \dfrac{N}{A} = \dfrac{20}{10 \times 10^{-4}} = 2 \times 10^4\ 〔\mathrm{A/m}〕$$

2.3 式(2.3)より，磁束密度 B は
$$B=\frac{\Phi}{A}=\frac{2\times 10^{-3}}{50\times 10^{-4}}=\frac{2}{5}=0.4\,[\text{T}]$$

2.4 式(2.4)より，真空中での磁界の大きさ H は
$$H=\frac{B}{\mu_0}=\frac{6\times 10^{-2}}{4\pi\times 10^{-7}}=\frac{3}{2\pi\times 10^{-5}}=4.77\times 10^4\,[\text{A/m}]$$

比誘電率 1 000 の鉄中では
$$H=\frac{B}{\mu_0\mu_r}=\frac{6\times 10^{-2}}{4\pi\times 10^{-7}\times 1\,000}=\frac{3}{2\pi\times 10^{-2}}=47.7\,[\text{A/m}]$$

2.5 式(2.9)より，コイル中心での磁界の大きさ H は
$$H=\frac{NI}{2r}=\frac{20\times 5}{2\times 10\times 10^{-2}}=500\,[\text{A/m}]$$

磁界の方向は，コイルに流れる電流を右ねじの進む方向としたときねじの回る方向である。

2.6 式(2.11)より，磁界の大きさ H は
$$H=\frac{I}{2\pi r}=\frac{5}{2\pi\times 2}=\frac{1.25}{\pi}=0.398\,[\text{A/m}]$$

2.7 式(2.12)より，磁界の大きさ H は
$$H=\frac{NI}{2\pi r}=\frac{60\times 2}{2\pi\times 5\times 10^{-2}}=\frac{12}{\pi\times 10^{-2}}=3.82\times 10^2\,[\text{A/m}]$$

2.8 式(2.13)より，磁界の大きさ H は
$$H=nI=\frac{80}{10\times 10^{-2}}\times 20=16\,000=1.6\times 10^4\,[\text{A/m}]$$

2.9 式(2.15)より，電流に働く力 F は
$$F=BIl\sin 90°=BIl=0.5\times 2\times 10\times 10^{-2}=0.1\,[\text{N}]$$

2.10 式(2.15)より，電流に働く力 F はそれぞれ

(1) $F=BIl\sin\theta=0.04\times 10\times 5\times 10^{-2}\times\sin 30°=2\times 10^{-2}\times\dfrac{1}{2}=10^{-2}\,[\text{N}]$

(2) $F=BIl\sin\theta=2\times 10^{-2}\times\sin 45°=2\times 10^{-2}\times\dfrac{1}{\sqrt{2}}=1.41\times 10^{-2}\,[\text{N}]$

(3) $F=BIl\sin\theta=2\times 10^{-2}\times\sin 60°=2\times 10^{-2}\times\dfrac{\sqrt{3}}{2}=1.73\times 10^{-2}\,[\text{N}]$

(4) $F=BIl\sin\theta=2\times 10^{-2}\times\sin 90°=2\times 10^{-2}\times 1=2\times 10^{-2}\,[\text{N}]$

(5) $F=BIl\sin\theta=2\times 10^{-2}\times\sin 120°=2\times 10^{-2}\times\sin 60°=1.73\times 10^{-2}\,[\text{N}]$

2.11 式(2.16)より，電流間に働く力 F は，導体の単位長さ当り
$$f=\frac{2I_1 I_2}{r}\times 10^{-7}=\frac{2\times 5\times 5}{10\times 10^{-2}}\times 10^{-7}=5\times 10^{-5}\,[\text{N}]$$

この力は，二つの電流が同方向の場合は吸引力，逆方向の場合は反発力とな

る。

2.12 アンペアの周回路の法則より，磁界の大きさ H は
$$H=\frac{NI}{l}=\frac{300\times 10}{50\times 10^{-2}}=6\times 10^3 \text{ [A/m]}$$

2.13 起磁力 F_m は
$$F_m=NI=800\times 5=4\times 10^3 \text{ [A]}$$
これより磁束 $\varPhi$ は
$$\varPhi=\frac{F_m}{R_m}=\frac{4\times 10^3}{2\times 10^6}=2\times 10^{-3} \text{ [Wb]}$$

2.14 磁束密度 B，磁束 $\varPhi$ は
$$B=\mu H=\mu_0\mu_r\frac{NI}{l}=4\pi\times 10^{-7}\times 500\times\frac{2\,000\times 50}{1}=20\pi=62.8 \text{ [T]}$$
$$\varPhi=BA=20\pi\times 4\times 10^{-4}=8\pi\times 10^{-3}=2.51\times 10^{-2} \text{ [Wb]}$$

2.15 式(2.23)より，誘導起電力 e の大きさは
$$e=N\frac{\varDelta\varPhi}{\varDelta t}=200\times\frac{0.05-0.01}{0.5}=200\times 0.08=16 \text{ [V]}$$

2.16 式(2.25)より，誘導起電力 e の大きさは
$$e=Blv\sin 90°=Blv=0.5\times 10\times 10^{-2}\times 100=5 \text{ [V]}$$

2.17 式(2.25)より，誘導起電力 e の大きさは
$$e=Blv\sin\theta=0.2\times 0.5\times 60\times\sin 30°=6\times\frac{1}{2}=3 \text{ [V]}$$

2.18 式(2.26)より，誘導起電力 e の大きさは
$$e=L\frac{\varDelta I}{\varDelta t}=2\times 10^{-3}\times\frac{5}{0.1}=0.1 \text{ [V]}$$

2.19 自己インダクタンス L は
$$L=e\frac{\varDelta t}{\varDelta I}=10\times\frac{2\times 10^{-3}}{5}=4\times 10^{-3} \text{ [H]}=4 \text{ [mH]}$$

2.20 式(2.30)より，自己インダクタンス L は
$$L=\frac{\mu N^2 A}{l}=\frac{\mu_0\mu_r N^2 A}{l}=\frac{4\pi\times 10^{-7}\times 1\,000\times 500^2\times 4\times 10^{-4}}{20\times 10^{-2}}$$
$$=0.2\pi \text{ [H]}=0.628 \text{ [H]}$$

2.21 式(2.31)より，誘導起電力 e の大きさは
$$e=M\frac{\varDelta I}{\varDelta t}=0.5\times\frac{10}{10^{-3}}=5\times 10^3 \text{ [V]}$$

2.22 式(2.31)より，相互インダクタンス M は
$$M=e\frac{\varDelta t}{\varDelta I}=5\times\frac{0.1}{2}=0.25 \text{ [H]}$$

2.23 式(2.33)より，相互インダクタンス M は

$$M = \frac{\mu N_1 N_2 A}{l} = \frac{\mu_0 \mu_r N_1 N_2 A}{l}$$

$$= \frac{4\pi \times 10^{-7} \times 1\,000 \times 500 \times 400 \times 10 \times 10^{-4}}{50 \times 10^{-2}} = 0.16\pi \,[\text{H}] = 0.503 \,[\text{H}]$$

2.24 式(2.37)より，相互インダクタンス M は

$$M = k\sqrt{L_1 L_2} = 0.5 \times \sqrt{0.1 \times 0.4} = 0.5 \times \sqrt{0.04} = 0.1 \,[\text{H}] = 100 \,[\text{mH}]$$

【1】 磁束密度 B は

$$B = \mu H = \mu_0 \mu_r H = 4\pi \times 10^{-7} \times 200 \times 10 = 8\pi \times 10^{-4} = 2.51 \times 10^{-3} \,[\text{T}]$$

【2】 環状コイルに流した電流 I は

$$H = \frac{NI}{2\pi r}, \quad \therefore \quad I = \frac{2\pi r H}{N} = \frac{2\pi \times 0.2 \times 800}{100} = 3.2\pi = 10.05 \,[\text{A}]$$

【3】 無限長の直線導線を流れる電流 I は

$$I = 2\pi r H = 2\pi \times 30 \times 10^{-2} \times 5 = 3\pi = 9.42 \,[\text{A}]$$

【4】 磁束密度 B は

$$B = \frac{F}{Il} = \frac{5}{20 \times 10^{-2} \times 10} = 2.5 \,[\text{T}]$$

【5】 無限に長い2本の線状導体の導線1m当りに働く力 f は

$$f = \frac{2 I_1 I_2}{r} \times 10^{-7} = \frac{2 I^2}{r} \times 10^{-7}$$

これより，直線導体に流れる電流 I は

$$I = \sqrt{f \times \frac{r}{2 \times 10^{-7}}} = \sqrt{2.5 \times 10^{-3} \times \frac{20 \times 10^{-2}}{2 \times 10^{-7}}} = \sqrt{2.5 \times 10^3} = 50 \,[\text{A}]$$

【6】 鉄心の磁気抵抗を R_{m1}，エアギャップの磁気抵抗を R_{m2} とすると

$$R_{m1} = \frac{l_1}{\mu A} = \frac{l_1}{\mu_0 \mu_r A} = \frac{60 \times 10^{-2}}{4\pi \times 10^{-7} \times 500 \times 2 \times 10^{-4}} = \frac{3}{2\pi} \times 10^7$$

$$= 4.77 \times 10^6 \,[\text{H}^{-1}]$$

$$R_{m2} = \frac{l_2}{\mu_0 A} = \frac{0.1 \times 10^{-2}}{4\pi \times 10^{-7} \times 2 \times 10^{-4}} = \frac{10^8}{8\pi} = 3.98 \times 10^6 \,[\text{H}^{-1}]$$

これより全磁気抵抗 R_m は

$$R_m = R_{m1} + R_{m2} = 4.77 \times 10^6 + 3.98 \times 10^6 = 8.75 \times 10^6 \,[\text{H}^{-1}]$$

となる。これより，回路に生じる磁束 Φ は

$$\Phi = \frac{F_m}{R_m} = \frac{NI}{R_m} = \frac{200 \times 15}{8.75 \times 10^6} = 3.43 \times 10^{-4} \,[\text{Wb}]$$

【7】 巻数 N のコイルに生じる誘導起電力は

$$e = -N \frac{\Delta \Phi}{\Delta t}, \quad \therefore \quad N = \left| e \frac{\Delta t}{\Delta \Phi} \right| = \left| 20 \times \frac{2}{0.02 - 0.1} \right| = 500$$

【8】 コイルの自己インダクタンス L は

$$L = e\frac{\Delta t}{\Delta I} = 20 \times \frac{0.05}{100} = 10^{-2} \text{ [H]}$$

したがって，電流が1msの間に4A変化したときに生じる起電力 e の大きさは

$$e = L\frac{\Delta I}{\Delta t} = 10^{-2} \times \frac{4}{10^{-3}} = 40 \text{ [V]}$$

【9】相互誘導起電力 e は

$$e = M\frac{\Delta I}{\Delta t}, \quad \therefore \quad \Delta I = e\frac{\Delta t}{M} = 50 \times \frac{1}{20 \times 10^{-3}} = 2.5 \times 10^3 \text{ [A]}$$

【10】相互誘導起電力 e は

$$e = M\frac{\Delta I}{\Delta t} = \frac{\mu N_1 N_2 A}{l} \cdot \frac{\Delta I}{\Delta t}$$

$$\therefore \quad N_2 = e\frac{l}{\mu N_1 A} \cdot \frac{\Delta t}{\Delta I} = e\frac{l}{\mu_0 \mu_r N_1 A} \cdot \frac{\Delta t}{\Delta I}$$

$$= 10 \times \frac{50 \times 10^{-2}}{4\pi \times 10^{-7} \times 1\,000 \times 150 \times 4 \times 10^{-4}} \times \frac{0.02}{5} = \frac{1}{1.2 \times 10^{-3}\pi}$$

$$= 265$$

【11】100 V の電圧を 5 V に降圧するのに必要な，二次コイルの巻数 N_2 は

$$\frac{E_1}{E_2} = \frac{N_1}{N_2}, \quad \therefore \quad N_2 = N_1 \frac{E_2}{E_1} = 800 \times \frac{5}{100} = 40$$

3 章

3.1 真空中で，r [m] 離れた二つの点電荷 Q_1，Q_2 の間に働く力 F [N] は，式 (3.3) より

$$F = 9 \times 10^9 \frac{Q_1 Q_2}{r^2}$$

したがって，r は

$$r^2 = 9 \times 10^9 \frac{Q_1 Q_2}{F} = \frac{9 \times 10^9 \times 2 \times 10^{-8} \times 4 \times 10^{-8}}{0.2} = 3.6 \times 10^{-5} \text{ [m}^2\text{]}$$

$$\therefore \quad r = \sqrt{3.6 \times 10^{-5}} = 6 \times 10^{-3} \text{ [m]}$$

3.2 真空中での電界の大きさ E は，式 (3.4) より

$$E = \frac{Q}{4\pi\varepsilon_0 r^2} = 9 \times 10^9 \times \frac{2}{5^2} = 7.2 \times 10^8 \text{ [V/m]}$$

3.3 式 (3.5) より，点電荷に働く力 F は

$$F = qE = 3 \times 10^{-3} \times 100 = 0.3 \text{ [N]}$$

3.4 電界の大きさは，単位面積を貫く電気力線の本数と等しいので

$$E = \frac{N}{A} = \frac{50}{20 \times 10^{-4}} = 2.5 \times 10^4 \text{ [V/m]}$$

3.5 式(3.8)より，真空中での電位 V は
$$V = \frac{Q}{4\pi\varepsilon_0 r} = 9\times 10^9 \times \frac{1}{2} = 4.5\times 10^9 \text{ (V)}$$

3.6 式(3.12)より，コンデンサに蓄えられる電荷 Q は
$$Q = CV = 200\times 10^{-6}\times 100 = 2\times 10^{-2} \text{ (C)}$$

3.7 式(3.14)より，空気中での静電容量 C は
$$C = \frac{\varepsilon A}{d} = \frac{\varepsilon_0 A}{d} = \frac{8.854\times 10^{-12}\times 25\times 10^{-4}}{2\times 10^{-3}}$$
$$= 1.107\times 10^{-11} \text{ (F)} = 11.07 \text{ (pF)}$$

3.8 式(3.17)より，合成容量 C は
$$C = \frac{1}{\frac{1}{C_1}+\frac{1}{C_2}} = \frac{1}{\frac{1}{200\times 10^{-6}}+\frac{1}{300\times 10^{-6}}} = \frac{1}{\frac{5}{600\times 10^{-6}}}$$
$$= 120\times 10^{-6} \text{ (F)} = 120 \text{ (μF)}$$

コンデンサに蓄えられる電荷は
$$Q = CV = 120\times 10^{-6}\times 50 = 6\times 10^{-3} \text{ (C)}$$

3.9 式(3.20)より，合成容量 C は
$$C = C_1 + C_2 + C_3 = 2\times 10^{-6} + 5\times 10^{-6} + 10\times 10^{-6}$$
$$= 17\times 10^{-6} \text{ (F)} = 17 \text{ (μF)}$$

各コンデンサに蓄えられる電荷は
$$Q_1 = C_1 V = 2\times 10^{-6}\times 100 = 2\times 10^{-4} \text{ (C)}$$
$$Q_2 = C_2 V = 5\times 10^{-6}\times 100 = 5\times 10^{-4} \text{ (C)}$$
$$Q_3 = C_3 V = 10\times 10^{-6}\times 100 = 1\times 10^{-3} \text{ (C)}$$

3.10 式(3.21)より，コンデンサに蓄えられるエネルギーは
$$W = \frac{1}{2}CV^2 = \frac{1}{2}\times 50\times 10^{-6}\times 100^2 = 0.25 \text{ (J)}$$

【1】陽子間に働く力 F は
$$F = 9\times 10^9 \times \frac{Q_1 Q_2}{r^2} = 9\times 10^9 \times \frac{1.6\times 10^{-19}\times 1.6\times 10^{-19}}{0.4^2} = 1.44\times 10^{-27} \text{ (N)}$$

【2】点電荷 Q から r 離れた点での電界 E は
$$E = \frac{Q}{4\pi\varepsilon_0 r^2}$$
$$\therefore\quad Q = 4\pi\varepsilon_0 r^2 E = 4\pi\times 8.854\times 10^{-12}\times 2^2\times 10^8 = 4.45\times 10^{-2} \text{ (C)}$$

【3】電荷が電界から受ける力は
$$F = qE, \quad \therefore\quad E = \frac{F}{q} = \frac{0.8}{5\times 10^{-3}} = 1.6\times 10^2 \text{ (V/m)}$$

【4】 電界の大きさは電位の傾きで表されるので
$$E=\frac{\Delta V}{\Delta r}=\frac{20-5}{10\times 10^{-2}}=150 \text{ [V/m]}$$

【5】 点電荷 Q から r 離れた点での電位 V は
$$V=\frac{Q}{4\pi\varepsilon_0 r}, \quad r=\frac{Q}{4\pi\varepsilon_0 V}=\frac{6\times 10^{-6}}{4\pi\times 8.854\times 10^{-12}\times 30}=1.8\times 10^3 \text{ [m]}$$

【6】 0.5 C の点電荷からは 0.5 C の電束が出るので，電束密度 D は
$$D=\frac{Q}{4\pi r^2}=\frac{0.5}{4\pi\times 2^2}=9.95\times 10^{-3} \text{ [C/m}^2\text{]}$$

電界 E は
$$D=\varepsilon_0 E, \quad \therefore \quad E=\frac{D}{\varepsilon_0}=\frac{9.95\times 10^{-3}}{8.854\times 10^{-12}}=1.12\times 10^9 \text{ [V/m]}$$

【7】 60 μF のコンデンサに 5×10^{-3} C の電荷を蓄えるのに必要な電圧は
$$V=\frac{Q}{C}=\frac{5\times 10^{-3}}{60\times 10^{-6}}=83.3 \text{ [V]}$$

【8】 コンデンサの静電容量は
$$C=\frac{\varepsilon A}{d}=\frac{\varepsilon_0\varepsilon_r A}{d}=\frac{8.854\times 10^{-12}\times 5\times 0.02}{1\times 10^{-2}}=8.854\times 10^{-11} \text{ [F]}$$

【9】 C_1 と C_2 の合成容量 C_{12} は
$$C_{12}=C_1+C_2=1\times 10^{-6}+5\times 10^{-6}=6\times 10^{-6} \text{ [F]}=6 \text{ [μF]}$$

したがって，三つのコンデンサの合成容量 C は
$$C=\frac{1}{\dfrac{1}{C_{12}}+\dfrac{1}{C_3}}=\frac{1}{\dfrac{1}{6\times 10^{-6}}+\dfrac{1}{2\times 10^{-6}}}=\frac{1}{\dfrac{4}{6\times 10^{-6}}}$$
$$=1.5\times 10^{-6} \text{ [F]}=1.5 \text{ [μF]}$$

両端に 200 V の電圧を加えたとき，C_{12} と C_3 のコンデンサに蓄えられる電荷は等しいので，C_{12} の端子電圧を V_{12}，C_3 の端子電圧を V_3 とすると
$$C_{12}V_{12}=C_3V_3, \quad 6\times 10^{-6}V_{12}=2\times 10^{-6}V_3, \quad \therefore \quad 3V_{12}=V_3$$

これより，C_1 の端子電圧を V_1，C_2 の端子電圧を V_2 とすると，各コンデンサの端子電圧は
$$V_{12}+V_3=200, \quad \therefore \quad V_{12}=V_1=V_2=50 \text{ [V]}, \quad V_3=150 \text{ [V]}$$

各コンデンサに蓄えられる電荷 Q_1，Q_2，Q_3 は
$$Q_1=C_1V_1=1\times 10^{-6}\times 50=5\times 10^{-5} \text{ [C]}$$
$$Q_2=C_2V_2=5\times 10^{-6}\times 50=2.5\times 10^{-4} \text{ [C]}$$
$$Q_3=C_3V_3=2\times 10^{-6}\times 150=3\times 10^{-4} \text{ [C]}$$

【10】 コンデンサの合成容量は
$$C=3\times 10^{-6}+5\times 10^{-6}+7\times 10^{-6}=15\times 10^{-6} \text{ [F]}=15 \text{ [μF]}$$

コンデンサに蓄えられたエネルギーが，放電により熱エネルギーとなったので，導線に発生する熱エネルギー W は

$$W = \frac{1}{2}CV^2 = \frac{1}{2} \times 15 \times 10^{-6} \times 100^2 = 7.5 \times 10^{-2} \text{ [J]}$$

4章

4.1 $180° = \pi$ [rad] なので，式(4.1)より角速度 ω は

$$\omega = \frac{\phi}{t} = \frac{\pi}{5} = 0.628 \text{ [rad/s]}$$

4.2 角周波数 ω，周期 T は，式(4.4)，(4.5)より

$$\omega = 2\pi f = 2\pi \times 400 \times 10^3 = 8\pi \times 10^5 = 2.51 \times 10^6 \text{ [rad/s]}$$

$$T = \frac{1}{f} = \frac{1}{400 \times 10^3} = 2.5 \times 10^{-6} \text{ [s]}$$

4.3 周期 T，波長 λ は，式(4.5)，(4.6)より

$$T = \frac{1}{f} = \frac{1}{400 \times 10^6} = 2.5 \times 10^{-9} \text{ [s]}, \quad \lambda = \frac{c}{f} = \frac{3 \times 10^8}{400 \times 10^6} = 0.75 \text{ [m]}$$

4.4 $e = 50 \sin 60\,t$ [V] の最大値 E_m，周波数 f，角周波数 ω，周期 T は

$$E_m = 50 \text{ [V]}, \quad f = \frac{\omega}{2\pi} = \frac{60}{2\pi} = \frac{30}{\pi} = 9.55 \text{ [Hz]}, \quad \omega = 60 \text{ [rad/s]}$$

$$T = \frac{1}{f} = \frac{1}{9.55} = 0.105 \text{ [s]}$$

4.5 電流 i_1 と i_2 の位相差 θ は

$$\theta = \left(\omega t + \frac{\pi}{2}\right) - \left(\omega t + \frac{\pi}{8}\right) = \frac{3}{8}\pi \text{ [rad]}$$

また，i_1 と同じ大きさで位相が $\pi/4$ 遅れている電流 i_3 は次のように表される。

$$i_3 = 100 \sin\left(\omega t + \frac{\pi}{2} - \frac{\pi}{4}\right) = 100 \sin\left(\omega t + \frac{\pi}{4}\right) \text{ [A]}$$

4.6 電流 $i = 20 \sin(\omega t + \pi/2)$ [A] の最大値 I_m は

$$I_m = 20 \text{ [A]}$$

また，平均値 I_a，実効値 I は，式(4.9)，(4.10)より

$$I_a = \frac{2}{\pi}I_m = \frac{2}{\pi} \times 20 = \frac{40}{\pi} = 12.7 \text{ [A]}$$

$$I = \frac{1}{\sqrt{2}}I_m = \frac{1}{\sqrt{2}} \times 20 = 14.14 \text{ [A]}$$

4.7 大きさが 10 というのは実効値が 10 ということなので，電流 $i = 20 \sin\omega t$ [A] を基準とすると，$\pi/3$ [rad] だけ位相が進んだ電流 i' を表す式は

$$i' = 10\sqrt{2} \sin\left(\omega t + \frac{\pi}{3}\right) \text{ [A]}$$

$i'=10\sqrt{2}\sin\left(\omega t+\dfrac{\pi}{3}\right)$〔A〕

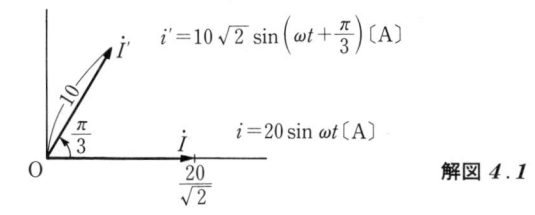

$i=20\sin\omega t$〔A〕

解図 4.1

i' のベクトルは，i を基準とすると**解図 4.1** のようになる。

4.8 電圧 v は，式 (4.20) より

$$v=Ri=10^3\times 2\sqrt{2}\sin 5\pi t=2\,000\sqrt{2}\sin 5\pi t \text{〔V〕}$$

電圧 v の実効値 V は，電圧の振幅 $V_m=2\,000\sqrt{2}$ を $\sqrt{2}$ で割って

$$V=\dfrac{V_m}{\sqrt{2}}=\dfrac{2\,000\sqrt{2}}{\sqrt{2}}=2\,000 \text{〔V〕}$$

また，$t=1/10\,\text{s}$ での電圧の瞬時値は

$$v=2\,000\sqrt{2}\sin\left(5\pi\times\dfrac{1}{10}\right)=2\,000\sqrt{2}\sin\dfrac{\pi}{2}=2\,000\sqrt{2}\text{〔V〕}=2\sqrt{2}\text{〔kV〕}$$

4.9 式 (4.28) より，インダクタンス L は

$$L=\dfrac{V}{\omega I}=\dfrac{V}{2\pi fI}=\dfrac{100}{2\pi\times 50\times 20}=\dfrac{1}{20\pi}=1.59\times 10^{-2}\text{〔H〕}=15.9\text{〔mH〕}$$

4.10 式 (4.30) より，誘導リアクタンス X_L は，周波数が $50\,\text{Hz}$ の場合

$$X_L=\omega L=2\pi fL=2\pi\times 50\times 10\times 10^{-3}=\pi=3.14\text{〔Ω〕}$$

周波数が $60\,\text{Hz}$ の場合

$$X_L=2\pi fL=2\pi\times 60\times 10\times 10^{-3}=1.2\pi=3.77\text{〔Ω〕}$$

4.11 式 (4.36) より，静電容量 C は

$$C=\dfrac{I}{\omega V}=\dfrac{I}{2\pi fV}=\dfrac{20}{2\pi\times 5\times 10^3\times 100}=\dfrac{1}{5\times 10^4\pi}$$
$$=6.37\times 10^{-6}\text{〔F〕}=6.37\text{〔μF〕}$$

4.12 式 (4.38) より，容量リアクタンス X_C は，周波数が $50\,\text{Hz}$ の場合

$$X_C=\dfrac{1}{\omega C}=\dfrac{1}{2\pi fC}=\dfrac{1}{2\pi\times 50\times 200\times 10^{-6}}=\dfrac{10^2}{2\pi}=15.9\text{〔Ω〕}$$

周波数が $60\,\text{Hz}$ の場合

$$X_C=\dfrac{1}{2\pi fC}=\dfrac{1}{2\pi\times 60\times 200\times 10^{-6}}=\dfrac{10^2}{2.4\pi}=13.3\text{〔Ω〕}$$

4.13 式 (4.44) より，インピーダンス Z は

$$Z=\sqrt{R^2+(\omega L)^2}=\sqrt{R^2+(2\pi fL)^2}$$
$$=\sqrt{20^2+(2\pi\times 50\times 100\times 10^{-3})^2}=\sqrt{400+100\pi^2}=37.2\text{〔Ω〕}$$

4.14 式(4.51)より，インピーダンス Z は
$$Z=\sqrt{R^2+X_C^2}=\sqrt{15^2+20^2}=\sqrt{625}=25 \ [\Omega]$$
また，200 V の電圧を加えたとき回路に流れる電流 I は
$$I=\frac{V}{Z}=\frac{200}{25}=8 \ [A]$$

4.15 式(4.57)より，インピーダンス Z は
$$Z=\sqrt{R^2+\left(\omega L-\frac{1}{\omega C}\right)^2}=\sqrt{R^2+(X_L-X_C)^2}$$
$$=\sqrt{10^2+(20-50)^2}=\sqrt{1\,000}=10\sqrt{10}=31.6 \ [\Omega]$$
また，100 V の電圧を加えたとき回路に流れる電流 I は
$$I=\frac{V}{Z}=\frac{100}{31.6}=3.16 \ [A]$$

4.16 式(4.63)より，インピーダンス Z は
$$Z=\frac{1}{\sqrt{\left(\frac{1}{R}\right)^2+\left(\frac{1}{X_L}\right)^2}}=\frac{1}{\sqrt{\left(\frac{1}{50}\right)^2+\left(\frac{1}{100}\right)^2}}$$
$$=\frac{1}{\sqrt{5\times 10^{-4}}}=\frac{1}{2.236\times 10^{-2}}=44.7 \ [\Omega]$$
また，200 V の電圧を加えたとき回路に流れる電流 I は
$$I=\frac{V}{Z}=\frac{200}{44.7}=4.47 \ [A]$$

4.17 式(4.69)より，インピーダンス Z は
$$Z=\frac{1}{\sqrt{\left(\frac{1}{R}\right)^2+\left(\frac{1}{X_C}\right)^2}}=\frac{1}{\sqrt{\left(\frac{1}{10}\right)^2+\left(\frac{1}{5}\right)^2}}=\frac{1}{\sqrt{0.05}}=4.47 \ [\Omega]$$
また，100 V の電圧を加えたとき回路に流れる電流 I は
$$I=\frac{V}{Z}=\frac{100}{4.47}=22.4 \ [A]$$

4.18 式(4.74)より，インピーダンス Z は
$$Z=\frac{1}{\sqrt{\left(\frac{1}{R}\right)^2+\left(\frac{1}{X_C}-\frac{1}{X_L}\right)^2}}=\frac{1}{\sqrt{\left(\frac{1}{20}\right)^2+\left(\frac{1}{5}-\frac{1}{10}\right)^2}}$$
$$=\frac{1}{\sqrt{0.012\,5}}=\frac{1}{5\sqrt{5}\times 10^{-2}}=8.94 \ [\Omega]$$
また，120 V の電圧を加えたとき回路に流れる電流 I は
$$I=\frac{V}{Z}=\frac{120}{8.94}=13.4 \ [A]$$

4.19 力率 $\cos\theta$ は式(4.82)より

問および演習問題の解答　*171*

$$\cos\theta = \frac{P}{VI} = \frac{600}{100 \times 20} = 0.3\,(30\,\%)$$

皮相電力 P_s は，式(4.84)より

$$P_s = VI = 100 \times 20 = 2\,000\,\text{[VA]} = 2\,\text{[kVA]}$$

4.20 式(4.82)より，力率 $\cos\theta$ は

$$\cos\theta = \frac{P}{VI} = \frac{250}{100 \times 5} = 0.5$$

これより θ は

$$\theta = \cos^{-1} 0.5 = \cos^{-1}\frac{1}{2} = \frac{\pi}{3}\,\text{[rad]}$$

したがって，無効電力は式(4.85)より

$$P_q = VI\sin\theta = 100 \times 5 \times \sin\frac{\pi}{3} = 433\,\text{[var]}$$

【1】最大値 V_m，平均値 V_a，実効値 V，角周波数 ω，周波数 f，周期 T は

$$V_m = 20\sqrt{2}\,\text{[V]},\quad V_a = \frac{2}{\pi}V_m = \frac{2}{\pi} \times 20\sqrt{2} = \frac{40\sqrt{2}}{\pi} = 18\,\text{[V]}$$

$$V = \frac{V_m}{\sqrt{2}} = 20\,\text{[V]},\quad \omega = 50\pi\,\text{[rad/s]}$$

$$f = \frac{\omega}{2\pi} = \frac{50\pi}{2\pi} = 25\,\text{[Hz]},\quad T = \frac{1}{f} = \frac{1}{25} = 0.04\,\text{[s]}$$

【2】e_1 および e_2 の位相を ϕ_1，ϕ_2，初位相を θ_1，θ_2 とすると

$$\phi_1 = \omega t + \frac{\pi}{4}\,\text{[rad]},\quad \theta_1 = \frac{\pi}{4}\,\text{[rad]}$$

$$\phi_2 = \omega t - \frac{\pi}{3}\,\text{[rad]},\quad \theta_2 = -\frac{\pi}{3}\,\text{[rad]}$$

また，e_1 と e_2 の位相差は

$$\phi_1 - \phi_2 = \left(\omega t + \frac{\pi}{4}\right) - \left(\omega t - \frac{\pi}{3}\right) = \frac{\pi}{4} + \frac{\pi}{3} = \frac{7}{12}\pi\,\text{[rad]}$$

【3】電流 i' は

$$i' = \frac{1}{4} \times 100\sqrt{2}\sin\left(\omega t + \frac{\pi}{2} - \frac{\pi}{6}\right) = 25\sqrt{2}\sin\left(\omega t + \frac{\pi}{3}\right)\,\text{[A]}$$

【4】解図 *4.2*(a)より $\dot{V}_1$，$\dot{V}_2$ の和のベクトル $\dot{V}$ の実効値 V は

$$V = |\dot{V}| = |\dot{V}_1 + \dot{V}_2| = \sqrt{\left(V_2\cos\frac{\pi}{6}\right)^2 + \left(V_1 + V_2\sin\frac{\pi}{6}\right)^2}$$

$$= \sqrt{\left(10\cos\frac{\pi}{6}\right)^2 + \left(6 + 10\sin\frac{\pi}{6}\right)^2} = \sqrt{\left(10 \times \frac{\sqrt{3}}{2}\right)^2 + \left(6 + 10 \times \frac{1}{2}\right)^2}$$

$$= \sqrt{75 + 121} = \sqrt{196} = 14\,\text{[V]}$$

$\dot{V}$ の初位相 ϕ は

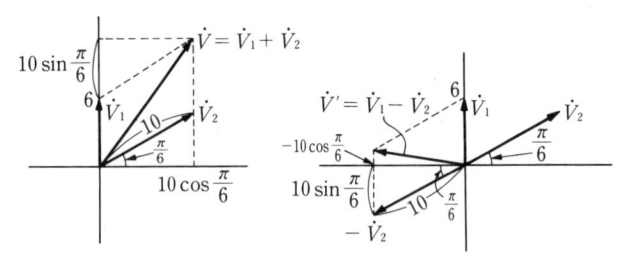

解図 4.2

$$\phi = \tan^{-1}\frac{V_1 + V_2\sin\frac{\pi}{6}}{V_2\cos\frac{\pi}{6}} = \tan^{-1}\frac{6+10\sin\frac{\pi}{6}}{10\cos\frac{\pi}{6}} = \tan^{-1}\frac{6+10\times\frac{1}{2}}{10\times\frac{\sqrt{3}}{2}}$$

$$= \tan^{-1}\frac{11}{5\sqrt{3}} = \tan^{-1}1.27 = 51.78° = \frac{51.78}{180}\pi \text{ (rad)}$$

同図 (b) より $\dot{V}_1$, $\dot{V}_2$ の差のベクトル $\dot{V}'$ の実効値 V' は

$$V' = |\dot{V}'| = |\dot{V}_1 - \dot{V}_2| = \sqrt{\left(-V_2\cos\frac{\pi}{6}\right)^2 + \left(V_1 - V_2\sin\frac{\pi}{6}\right)^2}$$

$$= \sqrt{\left(-10\cos\frac{\pi}{6}\right)^2 + \left(6-10\sin\frac{\pi}{6}\right)^2} = \sqrt{\left(-10\times\frac{\sqrt{3}}{2}\right)^2 + \left(6-10\times\frac{1}{2}\right)^2}$$

$$= \sqrt{75+1} = \sqrt{76} = 2\sqrt{19} = 8.72 \text{ (V)}$$

$\dot{V}'$ の初位相 ϕ' は

$$\phi' = \tan^{-1}\frac{V_1 - V_2\sin\frac{\pi}{6}}{-V_2\cos\frac{\pi}{6}} = \tan^{-1}\frac{6-10\sin\frac{\pi}{6}}{-10\cos\frac{\pi}{6}} = \tan^{-1}\frac{6-10\times\frac{1}{2}}{-10\times\frac{\sqrt{3}}{2}}$$

$$= \tan^{-1}\frac{1}{-5\sqrt{3}} = \tan^{-1}(-0.115) = -6.59° = -\frac{6.59}{180}\pi \text{ (rad)}$$

【5】 抵抗の大きさ R は

$$R = \frac{V}{I} = \frac{100}{80} = 1.25 \text{ (Ω)}$$

【6】 角周波数 ω は

$$V = \omega LI, \quad \therefore \quad \omega = \frac{V}{LI} = \frac{200}{10\times10^{-3}\times50} = 400 \text{ (rad/s)}$$

これより, 周波数 f は

$$f = \frac{\omega}{2\pi} = \frac{400}{2\pi} = 63.7 \text{ (Hz)}$$

【7】 50 Hz と 60 Hz の場合の電圧 V は等しいので, それぞれの場合の角周波数を ω_{50}, ω_{60}, 電流を I_{50}, I_{60} とすると

$$I = \omega CV, \quad \therefore \quad V = \frac{I_{50}}{\omega_{50}C} = \frac{I_{60}}{\omega_{60}C}$$

$$\therefore \quad I_{60} = I_{50}\frac{\omega_{60}}{\omega_{50}} = I_{50}\frac{2\pi f_{60}}{2\pi f_{50}} = 10 \times \frac{2\pi \times 60}{2\pi \times 50} = 10 \times \frac{60}{50} = 12 \text{ (A)}$$

【8】 必要な電圧 V は

$$V = I\sqrt{R^2 + (\omega L)^2} = 0.5\sqrt{5^2 + (2\pi \times 50 \times 50 \times 10^{-3})^2}$$

$$= 0.5\sqrt{25 + 25\pi^2} = 0.5 \times 5\sqrt{1 + \pi^2} = 8.24 \text{ (V)}$$

【9】 回路の共振周波数 f_0 は

$$f_0 = \frac{1}{2\pi\sqrt{LC}} = \frac{1}{2\pi\sqrt{100 \times 10^{-3} \times 250 \times 10^{-6}}}$$

$$= \frac{1}{2\pi \times 5 \times 10^{-3}} = \frac{100}{\pi} = 31.8 \text{ (Hz)}$$

【10】 力率 $\cos\theta = 0.5$ より，θ は

$$\theta = \cos^{-1} 0.5 = \cos^{-1}\frac{1}{2} = \frac{\pi}{3} \text{ (rad)}$$

したがって，皮相電力 P_s，有効電力 P，無効電力 P_q は

$$P_s = VI = 200 \times 10 = 2\,000 \text{ (VA)} = 2 \text{ (kVA)}$$

$$P = VI\cos\theta = 200 \times 10 \times 0.5 = 1\,000 \text{ (W)} = 1 \text{ (kW)}$$

$$P_s = VI\sin\theta = 200 \times 10 \times \sin\frac{\pi}{3} = 2\,000 \times \frac{\sqrt{3}}{2} = 1\,000\sqrt{3}$$

$$= 1\,732 \text{ (var)} = 1.732 \text{ (kvar)}$$

索　引

【あ】
アース　5
アンペア　2, 58
　　──の周回路の法則　45
　　──の右ねじの法則　42
アンペア毎メートル　37

【い】
位　相　113
位相角　113
位相差　113
一次コイル　74
1周波　110
インピーダンス　131
インピーダンス角　131

【う】
ウェーバ　35, 39
ウェーバ毎平方メートル　39

【え】
エアギャップ　58

【お】
オーム　6
　　──の法則　6
オームメートル　27
温接点　23

【か】
回転ベクトル　121
回　路　5
回路網　14
ガウス　39
　　──の法則　94
角周波数　109
角速度　108
可変コンデンサ　98
カロリー　20

【き】
起磁力　58
起電力　5
キャパシタ　96
強磁性体　40
共振周波数　145
共振の鋭さ　146
極座標　120
極座標表示　120
キルヒホッフの第1法則　14
キルヒホッフの第2法則　14
キルヒホッフの法則　14
キロワット時　22

【く】
クーロン　1
クーロン毎平方メートル　94

【け】
傾　角　120
結合係数　76
原　子　1
原子核　1
検流計　18

【こ】
合成抵抗　9
効　率　22
交　流　106
　　──の合成　116
交流電圧　106
交流電流　106
固定コンデンサ　98
弧度法　107
コンダクタンス　6
コンデンサ　96

【さ】
最大値　111
差動接続　78
残留磁気　63

【し】
磁　化　36
磁　界　36
　　──の大きさ　37
　　──の強さ　37
　　──の方向　37
磁化曲線　61
磁気回路　57
磁気現象　34
磁気双極子　35
磁気抵抗　58
磁気ヒステリシス　63
磁気飽和　61
磁気モーメント　35
磁気誘導　36
磁　極　34
磁　区　61
自己インダクタンス　70
自己誘導　70
自己誘導起電力　70
磁　束　39
磁束鎖交数　67

索　　　引　　175

磁束密度	39
実効値	115
磁　場	36
ジーメンス	6
ジーメンス毎メートル	27
周　期	110
充　電	96
自由電子	2
周波数	110
ジュール	20
──の法則	20
ジュール熱	20
瞬時値	111
瞬時電力	147
初位相	113
初位相角	113
常磁性体	41
初期磁化曲線	63
磁力線	37
磁　路	57
真空の透磁率	40
振　幅	111

【す】

| スカラ量 | 118 |
| スリップリング | 108 |

【せ】

正　極	35
正弦波交流	107
静電気	84
静電現象	84
静電誘導	87
静電容量	96
静電力	84
──に関するクーロンの法則	84
整流子	55
絶縁物	27
接　地	5
ゼーベック効果	23
選択度	146

【そ】

相互インダクタンス	74
相互誘導	73
相互誘導起電力	74
ソレノイド	48

【た】

| 帯電現象 | 83 |
| 端子電圧 | 10 |

【ち】

中間金属の法則	24
中性子	1
直　流	106
直流電圧	106
直流電動機	55
直流電流	106
直列回路	8
──のインピーダンス三角形	132
直列共振	145
直列接続	8

【て】

定格電圧	98
抵　抗	6
──の温度係数	29
抵抗率	27
テスラ	39
電　圧	5
電圧降下	11
電　位	5,91
──の傾き	91
電位差	5,91
電　界	88
──の大きさ	88
──の強さ	88
──の方向	88
電気回路	5
電気素量	1
電気抵抗	6
電気力線	89

電　源	5
電　子	1
電磁誘導	65
──に関するファラデーの法則	66
電　束	94
電束密度	94
点電荷	85
電　場	88
電　流	2
──の連続性	3
電　力	21
電力量	22

【と】

等価回路	9
動　径	120
透磁率	40
透磁率曲線	62
同　相	113
導　体	27
等電位面	91
導電率	27
トランス	79
トルク	55

【な】

| 内部抵抗 | 10 |
| 長岡係数 | 72 |

【に】

| 二次コイル | 74 |
| ニュートンメートル | 55 |

【ね】

熱起電力	23
熱電温度計	24
熱電対	23

【は】

パーセント導電率	28
波　長	110
バール	150

反磁性体	41	ベクトル量	118	誘導電流	65
半導体	27	ペルチェ効果	25	誘導リアクタンス	126
		ヘルツ	110		
【ひ】		変圧器	79	**【よ】**	
ビオ・サバールの法則	43	変圧比	80	陽 子	1
ピークピーク値	111	ヘンリー	70,74	容量性	137
ピコファラド	96	ヘンリー毎メートル	40	容量リアクタンス	129
ヒステリシス損	64				
ヒステリシスループ	63	**【ほ】**		**【ら】**	
皮相電力	149	ホイートストンブリッジ	18	ラジアン毎秒	108
比透磁率	40	放 電	96		
比誘電率	85	保磁力	63	**【り】**	
平等磁界	49	ボルト	5	力 率	149
平等電界	91	ボルトアンペア	149		
		ボルト毎メートル	88	**【れ】**	
【ふ】				冷接点	23
ファラド	96	**【ま】**		レンツの法則	66
ファラド毎メートル	85	マイクロファラド	96		
負 荷	5	毎ヘンリー	58	**【わ】**	
負 極	35	巻数比	80	ワット	21
不導体	27	摩擦電気	83	ワット時	22
フレミングの左手の法則	51	摩擦電気系列	84	ワット秒	22
フレミングの右手の法則	68			和動接続	78
		【む】			
【へ】		無効電力	150	**【B】**	
閉回路	14	無効率	150	BH曲線	61
平均値	114				
平均電力	149	**【ゆ】**		**【N】**	
平 衡	19	有効電力	150	N極	35
並列回路	9	誘電体	85		
並列共振	147	誘電率	85	**【S】**	
並列接続	8	誘導起電力	65		
ベクトル	118	誘導性	136	S極	35

―― 著者略歴 ――

1983年	慶應義塾大学工学部計測工学科卒業
1985年	慶應義塾大学大学院工学研究科修士課程修了(計測工学専攻)
1985年～86年	三菱電機(株)勤務
1993年	慶應義塾大学大学院理工学研究科博士課程単位取得退学(計測工学専攻)
1993年	東京都立工業高等専門学校助手
1994年	東京都立工業高等専門学校講師
1996年	博士(工学)(慶應義塾大学)
1997年	東京都立工業高等専門学校助教授
2006年	東京都立産業技術高等専門学校助教授
2007年	東京都立産業技術高等専門学校准教授
2008年	東京都立産業技術高等専門学校教授
	現在に至る

機械系の電気工学
Electrical Engineering for Mechanical Engineer　　　© Azusa Fukano　2000

2000年3月8日　初版第1刷発行
2019年3月5日　初版第14刷発行

検印省略

著　者　深野　あづさ
発行者　株式会社　コロナ社
　　　　代表者　牛来真也
印刷所　新日本印刷株式会社
製本所　有限会社　愛千製本所

112-0011　東京都文京区千石 4-46-10
発行所　株式会社 コロナ社
CORONA PUBLISHING CO., LTD.
Tokyo Japan
振替00140-8-14844・電話(03)3941-3131(代)
ホームページ　http://www.coronasha.co.jp

ISBN 978-4-339-04452-2　C3353　Printed in Japan　　　(江口)

<JCOPY> <出版者著作権管理機構 委託出版物>

本書の無断複製は著作権法上での例外を除き禁じられています。複製される場合は、そのつど事前に、出版者著作権管理機構(電話 03-5244-5088, FAX 03-5244-5089, e-mail: info@jcopy.or.jp)の許諾を得てください。

本書のコピー、スキャン、デジタル化等の無断複製・転載は著作権法上での例外を除き禁じられています。購入者以外の第三者による本書の電子データ化及び電子書籍化は、いかなる場合も認めていません。
落丁・乱丁はお取替えいたします。

電気・電子系教科書シリーズ

(各巻A5判)

- ■編集委員長 髙橋　寛
- ■幹　　事　湯田幸八
- ■編集委員　江間　敏・竹下鉄夫・多田泰芳
- 　　　　　　中澤達夫・西山明彦

配本順		書名	著者	頁	本体
1.	(16回)	電気基礎	柴田尚志・皆田新一・藤田尚芳 共著	252	3000円
2.	(14回)	電磁気学	多田泰芳・柴田尚志 共著	304	3600円
3.	(21回)	電気回路Ⅰ	柴田尚志 著	248	3000円
4.	(3回)	電気回路Ⅱ	遠藤 勲・鈴木靖純・木村雄一 編著	208	2600円
5.	(27回)	電気・電子計測工学	吉澤昌純・隆矢典子・福村拓己・吉崎和己・高山明二・西平郎 共著	222	2800円
6.	(8回)	制御工学	下西奥平・青鎮 共著	216	2600円
7.	(18回)	ディジタル制御	青木俊立 堀木幸 共著	202	2500円
8.	(25回)	ロボット工学	白水俊次 著	240	3000円
9.	(1回)	電子工学基礎	中澤達夫・藤原勝幸 共著	174	2200円
10.	(6回)	半導体工学	渡辺英夫 著	160	2000円
11.	(15回)	電気・電子材料	中澤・山田・田原・服部 共著	208	2500円
12.	(13回)	電子回路	押田・森田・須田 健英充二 共著	238	2800円
13.	(2回)	ディジタル回路	伊若吉室山 博夫純也厳 共著	240	2800円
14.	(11回)	情報リテラシー入門	海澤賀下 昌進 共著	176	2200円
15.	(19回)	C++プログラミング入門	湯田幸八 著	256	2800円
16.	(22回)	マイクロコンピュータ制御プログラミング入門	柚賀正光 千代谷慶 共著	244	3000円
17.	(17回)	計算機システム(改訂版)	春日舘泉 雄健治八博 共著	240	2800円
18.	(10回)	アルゴリズムとデータ構造	湯田・伊原・田谷 幸充弘 共著	252	3000円
19.	(7回)	電気機器工学	前新江間 邦敏勲 共著	222	2700円
20.	(9回)	パワーエレクトロニクス	高江間 敏章 共著	202	2500円
21.	(28回)	電力工学(改訂版)	甲斐・三木・吉川 隆成英彦 共著	296	3000円
22.	(5回)	情報理論	吉竹 英機 共著	216	2600円
23.	(26回)	通信工学	吉川・松宮 鉄豊克 共著	198	2500円
24.	(24回)	電波工学	南岡田田原 稔裕久 共著	238	2800円
25.	(23回)	情報通信システム(改訂版)	桑月原 正唯史 共著	206	2500円
26.	(20回)	高電圧工学	植松箕 孝夫志 共著	216	2800円

定価は本体価格＋税です。
定価は変更されることがありますのでご了承下さい。

◆図書目録進呈◆

メカトロニクス教科書シリーズ

(各巻A5判，欠番は品切です)

■編集委員長　安田仁彦
■編集委員　末松良一・妹尾允史・高木章二
　　　　　　藤本英雄・武藤高義

配本順			頁	本体
1. (18回)	新版 メカトロニクスのための 電子回路基礎	西堀賢司著	220	3000円
2. (3回)	メカトロニクスのための 制御工学	高木章二著	252	3000円
3. (13回)	アクチュエータの駆動と制御（増補）	武藤高義著	200	2400円
4. (2回)	センシング工学	新美智秀著	180	2200円
5. (7回)	CADとCAE	安田仁彦著	202	2700円
6. (5回)	コンピュータ統合生産システム	藤本英雄著	228	2800円
7. (16回)	材料デバイス工学	妹尾允史・伊藤智徳共著	196	2800円
8. (6回)	ロボット工学	遠山茂樹著	168	2400円
9. (17回)	画像処理工学（改訂版）	末松良一・山田宏尚共著	238	3000円
10. (9回)	超精密加工学	丸井悦男著	230	3000円
11. (8回)	計測と信号処理	鳥居孝夫著	186	2300円
13. (14回)	光工学	羽根一博著	218	2900円
14. (10回)	動的システム論	鈴木正之他著	208	2700円
15. (15回)	メカトロニクスのためのトライボロジー入門	田中勝之・川久保洋共著	240	3000円

定価は本体価格+税です。
定価は変更されることがありますのでご了承下さい。

図書目録進呈◆

機械系 大学講義シリーズ

(各巻A5判，欠番は品切です)

■編集委員長　藤井澄二
■編集委員　臼井英治・大路清嗣・大橋秀雄・岡村弘之
　　　　　　黒崎晏夫・下郷太郎・田島清灝・得丸英勝

配本順			頁	本体
1. (21回)	材　料　力　学	西谷弘信著	190	2300円
3. (3回)	弾　　性　　学	阿部・関根共著	174	2300円
5. (27回)	材　料　強　度	大路・中井共著	222	2800円
6. (6回)	機　械　材　料　学	須藤　一著	198	2500円
9. (17回)	コンピュータ機械工学	矢川・金山共著	170	2000円
10. (5回)	機　　械　　力　　学	三輪・坂田共著	210	2300円
11. (24回)	振　　　動　　　学	下郷・田島共著	204	2500円
12. (26回)	改訂　機　　構　　学	安田仁彦著	244	2800円
13. (18回)	流体力学の基礎（1）	中林・伊藤・鬼頭共著	186	2200円
14. (19回)	流体力学の基礎（2）	中林・伊藤・鬼頭共著	196	2300円
15. (16回)	流体機械の基礎	井上・鎌田共著	232	2500円
17. (13回)	工業熱力学（1）	伊藤・山下共著	240	2700円
18. (20回)	工業熱力学（2）	伊藤猛宏著	302	3300円
20. (28回)	伝　　熱　　工　　学	黒崎・佐藤共著	218	3000円
21. (14回)	蒸　気　原　動　機	谷口・工藤共著	228	2700円
22.	原子力エネルギー工学	有冨・齊藤共著		
23. (23回)	改訂　内　燃　機　関	廣安・寶諸・大山共著	240	3000円
24. (11回)	溶　融　加　工　学	大・中・荒木共著	268	3000円
25. (25回)	工作機械工学（改訂版）	伊東・森脇共著	254	2800円
27. (4回)	機　械　加　工　学	中島・鳴瀧共著	242	2800円
28. (12回)	生　　産　　工　　学	岩田・中沢共著	210	2500円
29. (10回)	制　　御　　工　　学	須田信英著	268	2800円
30.	計　　測　　工　　学	山本・宮城・臼田・高辻・榊原共著		
31. (22回)	シ ス テ ム 工 学	足立・酒井・髙橋・飯國共著	224	2700円

定価は本体価格＋税です。
定価は変更されることがありますのでご了承下さい。

図書目録進呈◆

ロボティクスシリーズ

(各巻A5判)

- ■編集委員長　有本　卓
- ■幹　　　事　川村貞夫
- ■編集委員　石井　明・手嶋教之・渡部　透

配本順		書名	著者	頁	本体
1.	(5回)	ロボティクス概論	有本　卓編著	176	2300円
2.	(13回)	電気電子回路 —アナログ・ディジタル回路—	杉田　進／山中克彦／小西　聡 共著	192	2400円
3.	(12回)	メカトロニクス計測の基礎	石井　明／木股雅章／金　透 共著	160	2200円
4.	(6回)	信号処理論	牧川方昭著	142	1900円
5.	(11回)	応用センサ工学	川村貞夫編著	150	2000円
6.	(4回)	知能科学 —ロボットの"知"と"巧みさ"—	有本　卓著	200	2500円
7.		モデリングと制御	平井慎一／坪内孝司／秋下貞夫 共著		
8.	(14回)	ロボット機構学	永井　清／土橋宏規 共著	140	1900円
9.		ロボット制御システム	玄　相昊編著		
10.	(15回)	ロボットと解析力学	有田卓二／本原　健 共著	204	2700円
11.	(1回)	オートメーション工学	渡部　透著	184	2300円
12.	(9回)	基礎福祉工学	手嶋教之／米本清／相良訓弘／相川佐紀 共著	176	2300円
13.	(3回)	制御用アクチュエータの基礎	川村貞夫／野方誠／田所　論／早川恭弘／松浦裕 共著	144	1900円
14.	(2回)	ハンドリング工学	平井慎栄／若松一史 共著	184	2400円
15.	(7回)	マシンビジョン	石井　明／斉藤文彦 共著	160	2000円
16.	(10回)	感覚生理工学	飯田健夫著	158	2400円
17.	(8回)	運動のバイオメカニクス —運動メカニズムのハードウェアとソフトウェア—	牧川方昭／吉田正樹 共著	206	2700円
18.		身体運動とロボティクス	川村貞夫編著		

定価は本体価格+税です。
定価は変更されることがありますのでご了承下さい。

図書目録進呈◆

機械系教科書シリーズ

（各巻A5判，欠番は品切です）

■編集委員長　木本恭司
■幹　　　事　平井三友
■編集委員　青木　繁・阪部俊也・丸茂榮佑

配本順		書名	著者	頁	本体
1.	(12回)	機械工学概論	木本　恭司　編著	236	2800円
2.	(1回)	機械系の電気工学	深野　あづさ　著	188	2400円
3.	(20回)	機械工作法（増補）	平井三友・和田任弘・塚田忠夫　共著	208	2500円
4.	(3回)	機械設計法	朝比奈奎一・諸山二郎・黒崎茂・村田良司・吉田弘美・成健一　共著	264	3400円
5.	(4回)	システム工学	古荒雄二・吉浜健・川井浩史・村井誠　共著	216	2700円
6.	(5回)	材料学	久保井克・樫原徳恵・井藏洋　共著	218	2600円
7.	(6回)	問題解決のための Cプログラミング	佐中藤男・村理一郎・次一　共著	218	2600円
8.	(7回)	計測工学	前田田良・木村野至・押水州秀・牧生雄也　共著	220	2700円
9.	(8回)	機械系の工業英語	雅晴佑・之俊榮・橋榮恭・高部茂忠・阪丸木　共著	210	2500円
10.	(10回)	機械系の電子回路		184	2300円
11.	(9回)	工業熱力学	藪伊悖男・山田本崎男・本口石田・田明　共著	254	3000円
12.	(11回)	数値計算法		170	2200円
13.	(13回)	熱エネルギー・環境保全の工学	民恭克雄・和田本崎一・坂本口石田　共著	240	2900円
15.	(15回)	流体の力学	田本崎光紘彦・口石剛二　共著	208	2500円
16.	(16回)	精密加工学	田明・吉村山・米内夫誠　共著	200	2400円
17.	(30回)	工業力学（改訂版）		240	2800円
18.	(31回)	機械力学（増補）	青木　繁　著	204	2400円
19.	(29回)	材料力学（改訂版）	中島正貴明　共著	216	2700円
20.	(21回)	熱機関工学	越老智敏固本部田川俊賢恭弘明一光也彦一　共著	206	2600円
21.	(22回)	自動制御	阪飯早櫟　共著	176	2300円
22.	(23回)	ロボット工学	野松順洋男　共著	208	2600円
23.	(24回)	機構学	重大高敏　共著	202	2600円
24.	(25回)	流体機械工学	小池勝　著	172	2300円
25.	(26回)	伝熱工学	丸矢牧茂尾野榮匡佑永秀州　共著	232	3000円
26.	(27回)	材料強度学	境田彰芳　編著	200	2600円
27.	(28回)	生産工学 ―ものづくりマネジメント工学―	本位皆田川光健重多郎　共著	176	2300円
28.		CAD／CAM	望月達也　著		

定価は本体価格+税です。
定価は変更されることがありますのでご了承下さい。

図書目録進呈◆